深冷轧制制备高性能
有色金属材料

喻海良 著

科学出版社
北京

内 容 简 介

本书系统地介绍了深冷轧制制备高性能有色金属材料的科学研究成果。全书涵盖了超细晶金属材料及其成形制备方法，深冷环境中铝合金和铜合金等有色金属材料强韧双增的实验研究与机制分析结果，深冷轧制在制备非时效铝合金（1XXX 和 5XXX 系铝合金）、时效铝合金（2XXX、6XXX 和 7XXX 系铝合金）、铜合金（高纯铜、商业纯铜、铜镍锡合金）、钛合金（商业纯铜、TC4 钛合金）、金属层状复合材料（铝/铝、铝/铜、铝/钛、铜/铌）等中的应用。深冷轧制相对热轧与室温轧制是一项未来技术，因此，本书具有很强的科学前沿性与引领性。同时，实验研究与理论分析相结合是本书的最大特点，因此本书具有很强的实用性。

本书可作为高等院校相关专业的本科生、研究生及教师的教材，也可以作为从事机械制造及其自动化、材料加工工程、冶金工程等一般工业及科学研究的工程技术人员的参考书。

图书在版编目（CIP）数据

深冷轧制制备高性能有色金属材料 / 喻海良著. —北京：科学出版社，2023.2
　　ISBN 978-7-03-074773-0

　　Ⅰ. ①深…　Ⅱ. ①喻…　Ⅲ. ①有色金属–金属材料–材料制备–研究
Ⅳ. ①TG146

中国国家版本馆 CIP 数据核字（2023）第 010523 号

责任编辑：张淑晓　高　微 / 责任校对：杜子昂
责任印制：吴兆东 / 封面设计：东方人华

科学出版社 出版
北京东黄城根北街 16 号
邮政编码：100717
http://www.sciencep.com
北京中石油彩色印刷有限责任公司 印刷
科学出版社发行　各地新华书店经销
＊
2023 年 2 月第　一　版　开本：720×1000　1/16
2023 年 2 月第一次印刷　印张：12 3/4
字数：260 000
定价：108.00 元
（如有印装质量问题，我社负责调换）

序

 轧制在国民经济建设中具有举足轻重的地位，全世界有 70%以上的金属材料是通过轧制成形的。在过去近五十年，我一直从事轧制技术方面的研究工作，见证了我国轧制技术的飞速发展。相对于传统热轧、冷轧工艺，深冷轧制是一种全新的、在极端温度环境下的轧制新工艺。喻海良带领他的团队在过去十多年时间里，一直致力于深入研究、探索深冷轧制方法及其在高性能有色金属材料加工中的应用。他经常向我介绍他及其团队在有色金属材料深冷轧制研究中的新进展，我特别欣赏他对该项科学研究的执着精神，钦佩他勇于开拓未来新技术的闯劲，同时为他取得的每一项新进展感到高兴。

 深冷轧制制备高性能有色金属材料，是目前国际上轧制领域的热点科学研究课题之一。这种工艺特点鲜明，已经在铝合金、铜合金、钛合金、层状金属复合带材方面得到应用。纵览全书，可以了解到以下重要进展：

 首先，深冷轧制可以提高金属材料的力学性能。在深冷环境下进行塑性变形，可以大幅提高材料内部的位错密度，促进晶粒细化，进而提高材料的强度。通过采用热处理工艺，调控材料中晶粒尺寸分布、位错密度、纳米析出物等微观组织，可以获得理想的强度与韧性平衡。

 其次，深冷轧制工艺可以解决一些难加工金属带材轧制裂纹问题。裂纹不仅影响材料的成材率，更影响材料的服役性能。该书介绍了深冷轧制在 7075 铝合金材料以及铜镍锡合金中的应用。采用室温轧制时，两种带材均产生了不同程度的裂纹缺陷；而在深冷轧制过程中，材料变形变得更加均匀，材料本身在深冷环境下具有比室温更好的成形性能，深冷轧制后均没有裂纹缺陷，可大幅度提高材料质量。

 最后，深冷轧制还可以有效地降低后续热处理温度与时间。在国家提出"碳达峰、碳中和"背景下，降低材料制备过程能耗具有十分重要的意义。深冷轧制使材料内部产生更高的位错密度，因而非常有利于在热处理过程中有更多的析出物形核。根据这一原理，在降低热处理能耗的基础上，还可以提高材料的性能。

 该书的研究内容新颖，分析问题视角独特，处理问题的方法独到，是一本值得同行阅读的书籍。

科技发展日新月异，国际竞争越来越激烈。作为一名在大学里工作的科技工作者，拥有教书育人与引领行业发展的双重责任。我们轧制工作者在过去的五十多年里经历了学习、跟跑、并跑的过程，目前在个别领域已经进入到领跑阶段。我衷心希望喻海良教授带领他的团队，把此书出版作为新起点，以大无畏的担当与勇气，深耕深冷轧制这个崭新的领域，勇敢地走到世界前列，在深冷轧制领域当仁不让地起到领跑作用。希望该书的研究工作能够促进深冷轧制技术的发展，希望深冷轧制在更多领域成功应用、取得新的突破！

刘相华

2022 年 10 月 22 日

于东北大学

前　言

2011 年，我第一次尝试深冷异步轧制制备超细晶铝合金材料，并于 2012 年在 *Scientific Reports* 期刊上第一次发表深冷异步轧制制备铝合金超细晶金属材料的论文，一晃已经过去了 10 余年。在过去的 10 多年时间里，我带领课题组成员从深冷轧制制备铝合金材料开始，相继开展了铜合金材料、钛合金材料、中/高熵合金、金属层状复合带材、金属基复合材料等的深冷轧制研究。我们一直在努力揭示这一新技术提升有色金属材料性能的机理、机制，拓展这一新技术的应用领域，突破传统的热轧、室温轧制工艺的局限，解决某些材料制备的技术瓶颈问题，最终实现该技术的快速发展。我也一直期望我们的研究能够引领塑性加工领域人员的发展方向，共同开拓深冷成形这一新的领域，将深冷异步轧制发展到深冷锻压、深冷挤压、深冷冲压等塑性成形领域，最终早日实现深冷成形技术在一些工程领域的应用。我一直想，"功成不必在我"，只要这个领域能够发展好就好。

从 2018 年开始，我便构思撰写本书。在 2019 年获得中南大学优秀青年教师创新团队项目时，我便表示将以本书作为项目的结题成果。之后，与科学出版社编辑多次联系，最后确定出版本书的日程。本书的出版得到了中南大学优秀教材立项资助。同时，本书将作为我负责的中南大学本科生教育改革项目"未来成形制造技术人才培养模式探索与实践"中"未来技术"的重要组成部分，对未来成形制造领域的人才进行培养。在此，感谢中南大学给予的各种支持。本书有幸邀请到东北大学轧制技术及连轧自动化国家重点实验室原主任刘相华教授写序，获得刘老师的肯定与支持，是我一直努力往前发展的动力。同时，自我到中南大学工作后，在实验室建设以及团队发展等各方面都得到了钟掘院士的关怀与支持。在此，衷心感谢刘老师和钟老师给予的各种帮助。

本书系统地介绍了深冷轧制在铝合金材料、铜合金材料、钛合金材料、金属层状复合带材中的应用。虽然我们近年在深冷轧制制备中熵、高熵、金属基复合材料等方面也取得了一定的成绩，但考虑到这些工作尚不完全成熟，未将这些内容一并写入本书中。期待有一天，我们能够出版第二版，再将上述内容一并汇入。本书全文由我撰写，书中部分研究内容得到了课题组研究生们的支持，主要包括汤德林（第 5 章）、高海涛（第 6 章）、熊汗青（第 3 章）、张昀（第 5 章）、王琳（第 3 章和第 4 章）、顾昊（第 3 章和第 5 章）、吴雨泽（第 1 章）、李璟（第 1 章）、雷刚（第 2 章）、罗开广（第 2 章）、李智德（第 1 章）、赵祥帅（第 2 章）、刘粤（第 2 章）、李畅（第 3 章）、张朝阳（第 1 章）、巴泰（第 3 章）、刘娟（第 6 章）、宋玲玲（第 6 章）、余飞龙（第 5 章）、杨世森（第 3 章）、周岳新（第 3 章）、谭增（第 1 章）。除上述人员外，课题组其他很多同学的工作也对本书的顺利完成有一定的贡献。在此，一并感谢课题组所有成员的付出，是大家的努力，为本书的顺利完成积累了素材。

深冷成形技术是一项新的前沿技术，国际上从无到有是近 20 年的事情。衷心感谢那些在本领域付出汗水的人员，感谢你们一起发展了深冷成形领域，是你们用丰富的知识与智慧一起创造了美好的未来。

喻海良

2022 年 7 月于中南大学新校区

目　　录

第1章 超细晶金属材料及其成形制备方法

金属材料是制造业和结构设计产业的基础材料，而强度和延展性是表征用于结构和设备的金属材料的两个最重要的力学性能。随着科技和工业的持续发展，现有金属所拥有的强度-延展性平衡水平已无法满足制造需求，因此人们开始不懈地追求更优的强度和延展性组合。近几十年来，研究人员对开发大块超细晶（ultrafine-grain）或纳米晶（nano-grain）金属给予了相当大的关注，这是因为它们具有许多理想的材料性能。本章将介绍超细晶金属材料的主要制备方法以及强韧性机制。

1.1 超细晶金属材料及其强韧性机制

通过细化晶粒来改善金属材料机械性能的方法称为细晶强化。其应用的原理是：金属通常是由许多晶粒组成的多晶，晶粒的尺寸可以用每单位体积的晶粒数表示，数量越多，晶粒越细。前人的实验结果表明，在室温下，细晶粒金属比粗晶粒金属具有更高的强度、硬度、塑性和韧性。这是因为细晶粒的塑性变形可以分散在更多的晶粒中，塑性变形更均匀，应力集中更小。另外，晶粒越细，晶界的面积越大，晶界越曲折，并且越不利于裂纹扩展。细晶粒强化的关键是晶界对位错滑移的阻滞作用。晶界处溶质原子聚集，形成柯氏气团，从而稳定了晶界，使其不易发生迁移和滑动。并且当位错在多晶中移动时，由于晶粒在晶界两侧的取向不同，并且杂质原子更多，因此晶界上的形变协调性增加，需要多个滑移系统同时启动。这导致位错不易穿过晶界，而是塞积在晶界处，引起了强度的升高。根据 Hall 和 Petch 的早期研究，可用式（1-1）表示晶粒尺寸对流变应力（σ）的影响：

$$\sigma = \sigma_0 + kD^{-1/2} \tag{1-1}$$

式中，k 为常数；σ_0 为一定晶粒尺寸下的流变应力；D 为平均晶粒直径。从上式可以得知，晶粒尺寸越小，流变应力越大，材料的屈服强度就越高。细晶强化在提高强度的基础上不会改变材料的塑韧性，所以如今它越来越受到重视。

虽然基于理论人们能够设计出符合要求的材料，但这些材料并非完全实现高强高韧的性能。从金属的强度角度分析，传统粗晶金属材料延展性较高，但强度相对较低。然而当晶粒尺寸减小时，根据霍尔-佩奇（Hall-Petch）效应，金属的强度会随之增加，且呈现"越小越强"的趋势。有研究证实产生该效应的原因是位错与晶界的相互作用。虽然位错是室温下塑性变形的主要载体，但晶界可以阻碍位错的运动，当晶粒越小时，晶界对位错运动的抵抗能力越强，塑性流动屈服应力越高。因此，金属的强度可以通过减小晶粒尺寸来提高，晶粒尺寸小于 100 nm 的均质纳米晶金属通常比粗晶金属的强度高 5 倍以上。然而这并非意味着晶粒尺寸越小越好，研究发现，当晶粒尺寸进一步减小到低于 20 nm 时，会产生"越小越软"的现象，人们称这种反常现象为"反 Hall-Petch 效应"。这是因为纳米晶有 30%～50%的原子属于晶界，塑性变形过程中大量的滑移发生在晶界处，极少量的原子发生相互运动，同时微量位错偶尔在晶界处形核，并向晶内运动。晶界的迁移过程导致了材料软化。Hall-Petch 效应的产生虽然可以在一定程度上提高金属的强度，但是延展性的损失也大大增加。据统计，金属强化后的断裂应变比粗晶金属的应变（通常为 50%）小一个数量级，且颈缩前的均匀拉伸应变也减小，甚至小于几个百分点。现阶段的研究中，虽然根据 Hall-Petch 效应对传统金属进行晶粒细化可以达到大幅提高强度的目的，但是与之同时形成的延展性的大量牺牲并未得到改善。因此，在不牺牲太多延展性的情况下对材料赋予高强度，是纳米晶金属现阶段的主要挑战之一。

尽管纳米晶金属存在"高强低韧"的性能，但这并不意味着其本身由于缺乏塑性机制而具有本质的脆性。在有限载荷下，电沉积 Ni 元素制备晶粒尺寸为 20 nm 的微柱，可以压缩至薄饼状且不发生破坏（样品微柱高度方向降低 85%，获得 200%以上的真应变）。然而纳米晶金属之所以会表现出"高强低韧"的现象，是因为在高抗拉强度下塑性伸长容易发生局部颈缩变形，从而导致其过早断裂。这种不稳定地产生颈缩的不稳定现象可由式（1-2）"哈特标准"给予一定解释：

$$\frac{\mathrm{d}\sigma}{\mathrm{d}\varepsilon} + m\sigma \leqslant \sigma \qquad (1\text{-}2)$$

式中，σ 为真应力；ε 为真应变；m 为应变速率敏感指数。研究表明，纳米结构金属的 m 值不高（室温下 $m<0.05$）。根据式（1-2）可知，随着单轴拉伸力的逐渐增加，应变硬化率 $\mathrm{d}\sigma/\mathrm{d}\varepsilon$（即真应力-应变曲线的斜率）必须足够高，才能使不等式成立，从而保证稳定均匀的拉伸塑性变形，因此，宏观上表现为拉伸样品延展性差。

几乎所有强化后的金属（如冷加工）在塑性变形时的应力-应变曲线斜率（即应变硬化率）都远低于粗晶金属。研究表明上述现象的产生是因为金属经强化后消除了原有粗晶金属塑性应变过程中位错连续增殖和存储的应变硬化机制。在具有丰富大角度晶界的纳米晶中，几乎所有调节塑性应变的位错都会迅速穿过细小的晶粒，并湮灭到周围的晶界中，几乎没有机会和空间保留在晶体内部。因此，强化后的金属经拉伸实验显示出较低的 $d\sigma/d\varepsilon$，导致在高抗拉强度、低拉伸应变情况下过早产生颈缩失稳，进而断裂。因此，高应变硬化能力是避免对金属的强度和延展性进行折中选择的关键因素。为了提高超细晶金属材料的塑性变形能力，人们提出了很多变形机制，主要包括：异质结构、纳米孪晶、析出强化等。

　　传统超细晶金属材料的强度和塑性是一对相互制约的关系，是材料内部微观结构的演化机制所导致的。设计并精确调控显微结构，激活所希望的变形机制以实现强韧化，是科研人员长期追求的目标。科研人员提出了一系列可实现高强高韧的微观结构及相关理论，其中异质结构被认为是解决超细晶材料强度与塑性矛盾的重要途径之一。在材料内部，构造粗晶与超细晶兼具的异质结构可保留粗晶材料的高塑性；粗晶和细晶内部因发生变形的情况不同而构造出应变分区，形成了软硬区域界面；界面应变梯度可带来几何必要位错，累积的几何必要位错通过交叉滑移机制等直接强化粗晶粒，宏观上表现为强度的提高。异质纳米结构有两项主要特征，一是该结构形成的梯度塑性变形不是一种局部强化效应，而是特有的纳米尺度，使得 λ 异常小；二是该结构中有更大的容量来存储更多几何必要位错，从而增强应变硬化，产生强度-延展性的协同效应。基于上述异质结构的优势，科研人员设计出几种特殊且被广泛应用的异质结构：双峰结构、梯度结构、异质片层结构。

　　双峰结构指金属内部晶粒的尺寸只有两种：粗晶、细晶，两种类型的晶粒以相互镶嵌的方式形成基本微观结构。例如，Wang 等[1]利用一种加工工艺，即深冷轧制后再进行二次再结晶，使 25 vol%微米级晶粒随机嵌入在超细晶粒（200 nm）间，获得了内部晶粒尺寸呈双峰分布的金属铜。在此加工过程中，新晶粒以牺牲其他晶粒为代价而异常生长，使得生成的双峰晶粒的结构保留了粗晶结构具有的较高应变硬化率的能力，而这种额外的加工硬化能力则归因于在超细晶和粗晶界限上形成的大量适应大应变梯度的几何必要位错[2]。上述的这项工作推动了对双峰结构晶粒的其他各种衍生物的探索，如非均质片层结构以及其他多峰结构晶粒分布的研究。喻海良等[3]研究发现，超细晶铝带材在异步轧制过程中随着轧制道次的增加，演变为典型的双峰结构材料，可同时实现材料韧性与强度的大幅提高，并制备出微拉伸杯，如图 1-1 所示。

　　梯度结构主要指晶粒尺寸呈梯度分布以及在金属表层形成晶粒尺寸的空间梯度，从而获得梯度纳米晶粒金属，其具有良好塑性的同时也有较好的加工硬化能力。卢柯等[2]通过对表面为纳米晶、芯部为粗晶、二者中间为过渡尺寸晶粒的梯度纳米结构样品进行拉伸实验，研究表明，拥有梯度纳米尺寸结构的样品的屈服强度是粗晶材料样品的两倍，拉伸塑性可与粗晶基体相媲美，经微观分析发现在晶粒细化的同时塑性变形方式由位错滑移转变为晶界迁移，也正是变形机制的改变使其获得高强韧性。目前，人们主要通过塑性变形实现梯度结构材料的制备，主要在材料表面引入梯度分布的应变和应变速率，距材料表面各深度处由于其应变和应变速率大小的不同，微观组织发生呈梯度分布的细化。喻海良等[4]利用累积增量轧制技术制备了梯度结构 1060 铝带材。累积表层轧制技术制备后的样品屈服应力与室温轧制样品相当，但其均匀延伸率是单道次轧制样品的 2.4 倍，如图 1-2 所示。

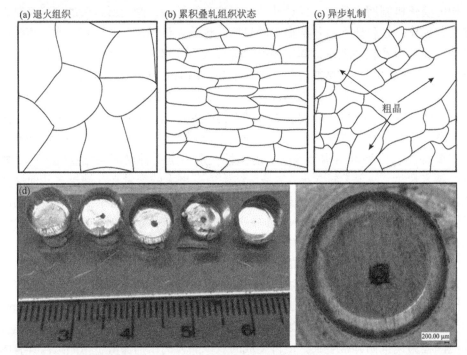

图 1-1　铝合金箔材累积叠轧与异步轧制微观组织演变为双峰结构（a～c）及其微拉伸杯（d）

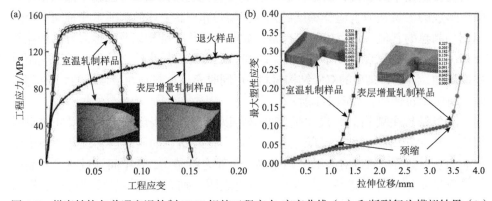

图 1-2　梯度结构与普通室温轧制 1060 铝的工程应力-应变曲线（a）和断裂行为模拟结果（b）

异质片层结构类似于双峰结构，即尺寸不等的晶粒层状相间分布，构成宏观的异质结构。Wu 等[5]对金属 Ti 采用异步轧制和局部再结晶方式形成一种软的微米晶片层嵌在硬的超细晶片层基体中的结构，这种异质结构的带材既具有超细晶 Ti 的强度，又具有常规粗晶 Ti 的韧性。该项研究通过加载-卸载-再加载实验发现，在卸载过程中即使施加的应力使材料处于拉伸状态，也会出现反向塑性屈服，继而获得高达 600 MPa 的背应力，同时，软的粗晶片层比周围的细晶片层承载更多的塑性应变。材料显微组织显示，相对于硬的、超细晶粒片层，许多几何必要位错更倾向于在靠近晶界的、软的、大的晶粒中聚集。上述中增加的载荷与几何必要位错的存储是积累远程背应力的"主力军"，这种背应力导致在反向加载时屈服应力较低的现象被称为包辛格效应。这项关于异质片层结构的研究证明在该种结构中运动硬化效应是普遍存在的，这有利于强韧性的研究。喻海良等[6]采用深冷异步轧制制备了高性能 CrCoNi 中熵合金，研究发现，当采用异步轧制时，材料内部会形成异质片层结构，特别是深冷异步轧制能够促进这种结构的存在。图 1-3 所示为不同轧制工艺与退火处理后 CrCoNi 的透射电子显微镜（transmission electron microscope，TEM）和电子背散射衍射（electron back-scattered diffraction，EBSD）图像。图 1-4[7]所示为深冷异步轧制+短时退火工艺制备的异质结构的纯镍带材在拉伸过程中软相与硬相变形后的微观组织结构图。

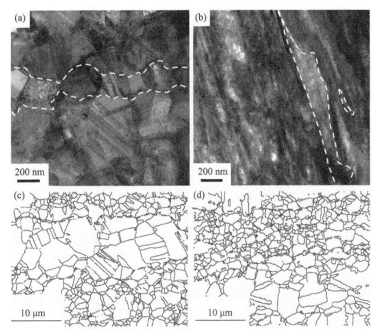

图 1-3　异步轧制+退火制备异质片层结构带材微观组织：（a）异步轧制；（b）深冷异步轧制；
（c）异步轧制+800℃退火；（d）深冷异步轧制+800℃退火

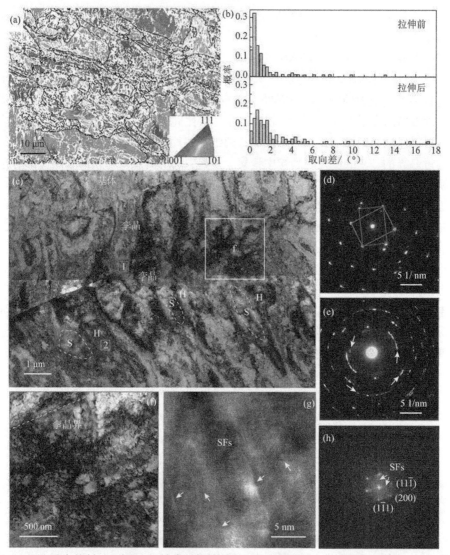

图1-4　深冷异步轧制+短时退火纯镍带材拉伸断裂后的显微组织：（a）EBSD 图像；（b）晶粒取向错误的直方图；（c）拉伸实验后的 TEM 图像，S 表示软相，H 表示硬相；（d，e）区域 1 和 2 的相应选区电子衍射图；（f）显示孪晶界位错堆积的 TEM 图像；（g）层错（SF）的高分辨 TEM 和（h）相应的快速傅里叶变换图

　　上述三种结构的主要设计思路均为对晶粒尺寸的调节和分配，基于其调配原理，还可以将异质晶粒与以其他类型特殊晶界为特征的纳米结构组合在一起而形成层次结构，如具有共格孪晶界的孪晶片层或具有小角度晶界的纳米片。孪晶界是一种连贯稳定的界面，能严重阻碍位错的滑移，且层错能较低的金属（如 Cu、Ag 等）无论是在生长过程中还是在变形过程中，都可以形成纳米级孪晶片层结构。

因此，高密度孪晶界（如超细晶粒中的纳米级孪晶片层）的存在改变了位错的滑移行为，从而形成硬区滑移和软区滑移模式。在硬区滑移模式中，位错在倾斜于孪晶界的滑移系上滑移，受到窄小的孪晶间距的约束，滑移困难；然而在软区滑移模式中，位错在平行于孪晶界的滑移系上运动，受到的孪晶边界阻力较小，致使其实现轻松滑移。Lu 等[8]基于位错与孪晶相互作用设计并制造出一种纳米孪晶 Cu 体系，即在均匀的微米级大晶粒范围内包含高密度且厚度为几十纳米的孪晶片层，该纳米孪晶 Cu 具有比常规粗晶 Cu 高 10 倍左右的抗拉强度，同时保持良好的拉伸韧性。基于孪晶"软、硬区滑移模式"的特殊性，可以将异质晶粒和孪晶结合起来建立层次结构以实现强韧化。

　　然而，并不是所有的金属都能在加工和生长过程中形成孪晶，如具有高层错能的铝合金材料。因此，孪晶和异质晶粒的组合结构并非适用于所有金属，如若要将这种能够大幅提升材料强韧性的结构应用于绝大多数常用金属，则需要将孪晶的作用以其他方式实现，从而保留该组合结构的优势，实现各种材料的强韧化。研究发现，在不易形成孪晶的金属中，通常会在由于位错增殖和相互作用引发塑性变形时形成小角度晶界，这些小角度晶界可以起到类似于孪晶界和大角度晶界阻碍位错运动的作用，因此，纳米级小角度晶界片层替换孪晶结构，形成小角度晶界与异质晶粒组合结构，实现不易生成孪晶的金属的强韧化。因而，对于铝合金而言，通过调控析出物尺寸与分布同样可以实现材料强度韧性大幅提升。在铝合金中，原子团簇的尺寸较小，易溶于铝基体中，通常与铝基体以共格的方式共存，能够被位错线切过。Marceau 等[9]提出，原子团簇的强化作用可通过计算拟合，得出与下面几个微观变量有关，可以表示为

$$\sigma_{\text{cluster}} = 0.9M \frac{2T}{bL_{\text{S}}^{\text{cluster}}} \cos^{3/2} \frac{\varphi_{\text{cluster}}}{2} \left(1 - \frac{\cos^5 \frac{\varphi_{\text{cluster}}}{2}}{6}\right) \tag{1-3}$$

式中，σ_{cluster} 为原子团簇产生的强化效果；M 为泰勒因子，$M=3.06$；b 为伯氏矢量，$b=0.286$ nm；φ_{cluster} 为临界角度，即原子团簇被运动的位错线切过所需的角度，其范围在 165°～168° 之间；T 为位错线产生的张力，$T = 0.5\mu_{\text{cluster}}b^2$；$L_{\text{S}}^{\text{cluster}}$ 为平均有效间距，其由原子团簇尺寸及体积分数决定：

$$L_{\text{S}}^{\text{cluster}} = \left(\frac{2\pi}{3f_{\text{tot}}}\right)^{1/2} r_{\text{g}} \tag{1-4}$$

式中，f_{tot} 为原子团簇的总体积分数；r_{g} 为原子团簇尺寸的平均半径。

　　铝合金中 GP 区（Guinier Preston zone）是由原子团簇演变过来的，与铝基体也

是共格的关系，原子团簇和 GP 区主要的差别在于尺寸大小不同。其强化作用也可以按式（1-3）和式（1-4）来计算。同时，β″相是底心单斜晶体结构，通常与基体保持着特定的取向关系，弹性应力场也会由于 β″相的存在而增加。Ninive 等[10]通过棒状析出相强化模型预测了 β″对合金的强化关系，如下所示：

$$\sigma_{\beta} = 0.055M\frac{Gb}{r_{\rm r}}\left(f_{\rm r}^{1/2} + 0.93f_{\rm r} + 2.43f_{\rm r}^{3/2}\right)\ln\left(\frac{2.632r_{\rm r}}{r_0}\right) \tag{1-5}$$

式中，M 为泰勒因子；b 为伯氏矢量，为常数；G 为 Al 基体的剪切模量（$G=28\mathrm{GPa}$）；$r_{\rm r}$ 为 β″相横截面的平均尺寸半径；$f_{\rm r}$ 为 β″相总的体积分数；r_0 为位错绕过析出相时的内半径（$r_0=0.572$ nm）。通过上述关系式，能够清晰地知道 β″相的强化作用与其平均尺寸半径、体积分数有关，随 β″相平均尺寸半径增加，析出强化效果先增加后减少；随 β″相体积分数的增加，析出强化效果增加。

1.2 超细晶金属材料制备方法

1.2.1 传统大塑性变形方法

近二十年来，大塑性变形技术已成为制备具有优异力学性能的超细晶材料的有效方法。迄今，已经开发了多种大塑性变形技术。传统大塑性变形方法主要包括等通道转角挤压(equal channel angular pressing, ECAP)、高压扭转(high pressure torsion, HPT)、累积叠轧(accumulative roll bonding, ARB)、异步轧制(asymmetric rolling)等。

等通道转角挤压技术[11]采用纯剪切变形机制对材料进行晶粒细化。该工艺在特定的模具中完成，其主要工作原理如图 1-5 所示。在加工过程中材料经过压头的挤压从一个通道进入另一个通道，在经过两通道交界处时材料会发生纯剪切变形，经过多次反复挤压后可实现材料组织的细化。基于该加工技术，在实

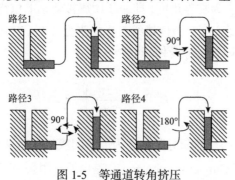

图 1-5 等通道转角挤压

际加工生产过程中，可通过改变模具角度、挤压路径、挤压温度、挤压道次、挤压速率等工艺参数实现微观组织的进一步改善，从而获得具有特殊性能的微观结构。等通道转角挤压技术可通过改变自身参数（模具尺寸）和外部环境（加工温度、速率等）实现材料的均匀塑性变形，使得材料获得细化的晶粒组织，大幅提升材料力学性能的同时保证样品形状统一。这一工艺的提出为研究异质结构提供了新的加工方式。

高压扭转工艺由 Bridgma 研究的静水压力对塑性变形的影响发展而来，为纳米结构的制备提供了新的研发工艺。高压扭转工艺的主要工作原理如图 1-6 所示，其依靠压头、模具和样品的共同作用完成加工[12]。样品在承载压头几 GPa 压力的同时与压头一起在固定不动的模具内部发生旋转，于是，样品在压头的旋转高压、与模具的摩擦、材料自身因扭转发生的剪切作用下发生组织转变，基于应变计算公式可知，样品表层（与模具接触部分）应变大于样品芯部，故而，经由高压扭转处理的样品可获得表层细晶、芯部粗晶的非均质微观结构。除此之外，可通过控制高压、扭转圈数、扭转温度等工艺参数来调控晶粒的细化程度，从而获得所需的显微结构。高压扭转工艺通过外力的施加对样品的微观组织结构进行改善，在不发生组织破裂的基础上提升样品的力学性能，此外，可利用对各项工艺参数的调控来获取所需微观结构，继而可进一步研究材料的性能。

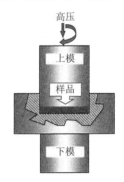

图 1-6　高压扭转

累积叠轧可以生产带材形状的大尺寸超细晶金属材料。累积叠轧工艺最初由 Saito 等[13]提出，他们采用这种工艺成功地制备了具有优良性能的超细晶 1100 铝合金层状复合板。与其他的大塑性变形工艺相比，累积叠轧在制备超细晶金属材料方面具有许多优势，主要包括：①设备操作简单，不需要对传统的设备装置进行任何重大修改，易于被工业界所接受；②生产效率高，可以实现连续化、大规模的生产，能够为工业应用提供尺寸较大的坯料；③应用范围广，除了具有制备超细晶金属材料这一基本应用外，还可以用于生产金属（颗粒、纤维等）复合材料以及层状金属复合材料。图 1-7 为多层累积叠轧工艺流程图[14]。首先，为了实现两金属带材的良好结合，要对待复合面进行表面处理。这种表面处理主要包括两个方面，一是使用钢丝刷打磨表面以去除氧化膜薄层；二是使用丙酮脱脂去除表面的油污等污染物。然后将已处理好的两块金属带材堆叠在一起。再对已准备好的带材进行轧制，轧制的压下率为 50%，在这一过程中不加入任何具有润滑作用的调节剂。最后将轧制完成的带材沿厚度方向进行切割，得到尺寸相同的两块轧制层状复合板，这样就完成了第一个循环。接下来按照上述步骤继续进行表面处理、堆叠、轧制、切割……重复这一过程直至获得所需变形量的层状复合板。累积叠轧工艺打破了常规轧制中压下率的局限性，通过该工艺能够将大应变引入到金属材料中，并且可以获得几何形状几乎不发生改变的板形，同时随着应变的增加，层状结构会得到进一步细化，两组分的平均晶粒尺寸也会随之细化，这是采用累积叠轧工艺制备的金属材料强度得到明显提升的重要原因。累积叠轧工艺已成功应用于制造各种超细晶金属板带材，并且已有相关文献报道了此工艺对具有不同晶体结构的合金的组织和性能的影响。研究表明，采用累积叠轧制备的金属材料的屈服强度和极限抗拉强度都可以得到显著的提高，而且其他方面的材料性能也表现良好，如抗冲击性和耐腐蚀性等。此外，由于累积叠轧工艺的加工操作相对简单且成本较低，因此近些年来引入了这种工艺来制备具有不同初始材料（两种不同材料或者相同材料的两种不同合金）的层状金属复合板。目前，已应用该工艺制备了许多种类的复合板，如 Al/Al、Al/Cu、Cu/Ag、Al/Ti、Al/Ni、Cu/Nb、Al/Mg、Al/Zn、Al/Ni/Cu、Ti/Al/Nb 等。

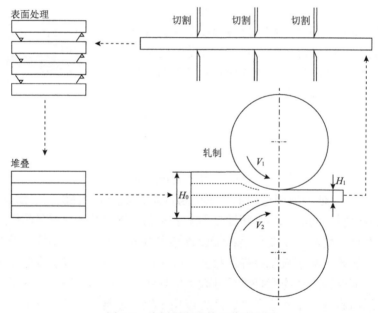

图 1-7　多层累积叠轧工艺流程图

异步轧制的概念由德国与苏联科研人员在 20 世纪 40 年代初提出，双方在研究采用三辊劳特式轧机以单辊传动的方式叠轧薄板时发现，圆周速度不等的两个工作辊会使材料在变形区发生特殊变形，他们认为这种轧制行为可以通过降低轧制压力来提高带材的加工效率，因此，将这一以非对称流变为特征的轧制过程称为"异步轧制"，并广泛应用。作为非对称轧制技术的一种，异步轧制技术不但保留了非对称轧制技术强化轧制过程、提高轧机生产率、降低轧制能耗、缩短生产周期和改善轧制精度的优势，而且可广泛应用于极薄带材的制备，这主要与其在工作过程中对材料产生的特殊变形有关。异步轧制根据轧制工作参数的不同可主要分为以下三种轧制形式[15]：两轧辊直径不同的异径异步轧制[图 1-8（a）]，两轧辊直径相同但角速度不同的异速异步轧制[图 1-8（b）]，以及两轧辊表面摩擦因数不同的异步轧制。其中，前两种由于轧辊参数控制简单，是现阶段常用的异步轧制方法。金属在轧制过程中的变形区可根据金属流动速度的不同分为前滑区、后滑区和中性面三个区域。在传统轧制过程中，由于上下工作辊的中性角相等，整个变形区内金属材料位于前滑区。因此，上下工作辊位于后滑区的表面摩擦力均指向中性面，中性面附近单位压力的骤增导致整个轧制过程的平均单位轧制压力增大，阻碍了金属变形。然而，上下工作辊线速度不同的异步轧制使得中性面发生偏移，从而一个外力作用条件和应力状态都较为特殊的区域便在变形区中形成，该区域便是异步轧制中特有的"搓轧区"。异步轧制技术中由于搓轧区的存在，外摩擦力的方向在该区域上下表面上以相反方向施加。一方面，外摩擦力所形成的水平压力对材料的变形起到了阻碍作用，从而整个轧制变形过程中的总压力及轧制扭矩便显著降低；另一方面，搓轧区上下表面的金属流动方向和速度由于这组特殊的摩擦力而发生改变，这一行为致使变形区内部发生剪切变形。因此，异步轧制使得被加工材料在整个变形区域内发生了拉伸、压缩和剪切叠加的综合变形，这种综合变形方式能够更大程度地细化晶粒，金属的显微组织、表面质量和力学性能均发生一定变化。

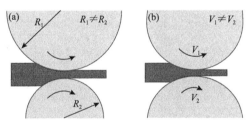

图 1-8　异步轧制工艺图

1.2.2　深冷塑性变形方法

前面提到的大塑性变形技术主要是通过在材料内部施加剪切应力，引入大量位错的同时使材料发生塑性变形，从而获得小尺寸晶粒，大幅改善材料的力学性能。这一类技术的应用虽然明显弥补了传统加工工艺的不足，但是要想进一步挖掘材料更多的性能以拓展其应用范围，则需要重点研究宏观力学性能得以提升时其内在变形机制的根本变化。理论上，随着应变的增加，不仅材料的外形发生明显变化，其内部的组织结构也有一定改变，如位错滑移、相变、孪生以及晶粒长大等，而导致材料微观结构发生这般巨变的关键因素便是层错能。层错能的高低是材料制备完成后获得的自身属性，通常，高层错能的金属依靠位错运动发生塑性变形，而低层错能的金属则以孪生诱导塑性变形。在室温环境下，高层错能金属材料晶粒尺寸的细化仅依靠位错的产生和湮灭来实现，当外力施加到一定程度时二者将会趋于平衡，此时即便继续施加外力，晶粒尺寸也不会细化，金属的塑性变形也将止步于此。若要提升这类金属性能应从提高位错密度的手段着手。研究表明，深冷能够抑制材料加工过程中温升导致的动态回复从而提高位错密度，高应变速率能够提升位错的存储能力，因此，深冷下加工高层错能金属可有效提高其力学性能。对于低层错能金属材料来说，位错运动并非主要变形机制，但是，孪生行为在外力达到临界分切应力时才会被启动，因此，快速大量存储、堆积位错使滑移运动受到阻碍，继而尽早达到临界分切应力诱发孪生变形可以维持该类材料的持续塑性变形。所以提高材料的位错存储能力对于低层错能金属同样重要。基于此，在不改变原有设备的基础上，在深冷环境下对材料进行加工可有效提高材料的力学性能，这也使得该项技术的应用逐渐成为强化材料性能的热门手段。目前常用的深冷塑性成形方法[15, 16]主要包括深冷轧制[图 1-9（a）]、深冷异步轧制、深冷挤压[图 1-9（b）]、深冷锻压[图 1-9（c）]、深冷冲压[图 1-9（d）]等方法。

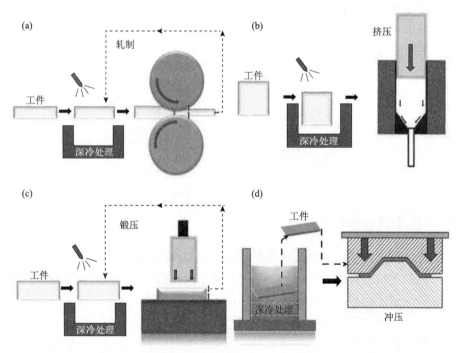

图 1-9　深冷轧制（a）、深冷挤压（b）、深冷锻压（c）、深冷冲压（d）工艺流程示意图

深冷轧制被认为是生产超细晶金属材料的有效工艺之一。深冷轧制工艺中的低温条件是由液氮维持的。与室温轧制相比，深冷轧制抑制动态回复可以使累积的位错密度达到更高的稳态水平，而这些位错将作为启动大量形核位置的驱动力，从而形成亚微晶或超细晶粒材料。图 1-10 所示为室温轧制与深冷轧制后 Zr 合金中位错密度分布图[17]。在制备超细晶金属材料的大塑性变形工艺中大多数都需要很大的塑性变形、复杂的加工程序，因此很难连续地生产出具有较长长度的产品。而与环境温度或高温下的大塑性变形过程相比，深冷轧制工艺只需较少的塑性变形就能够获得超细晶金属材料，并且整体的实验流程、加工程序等操作简单，能够实现工业化应用。深冷轧制改变了金属材料的塑性变形环境，与室温轧制或者

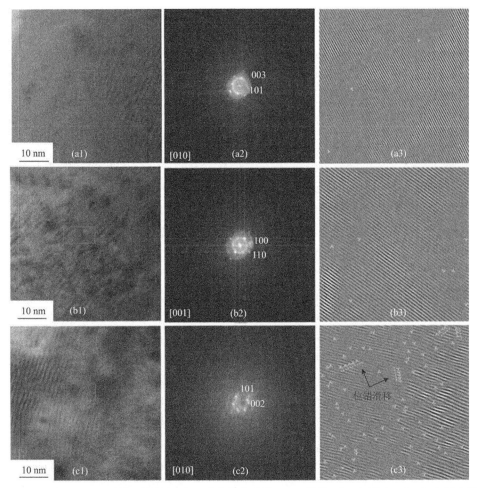

图 1-10 　（a1～c1）不同工艺处理后 Zr 合金的高分辨 TEM 图像：（a1）退火，（b1）室温表层增量轧制，（c1）深冷表层增量轧制；（a2～c2）（a1～c1）方框中对应的傅里叶转换图像；（a3～c3）（a2～c2）的反傅里叶转换图像，图中"⊥"为位错

热轧相比，通过这种轧制变形获得的材料具有显著不同的组织与性能。研究人员通过对实验结果进行分析发现深冷轧制下的晶粒细化效率得到了明显的提高，并且通过晶粒内部的相变产生了更高的孪晶密度、更多的密排六方结构相和堆垛层错等。深冷挤压包括深冷静液挤压和深冷等通道转角挤压。深冷锻造是一种性价比高的加工变形铝合金的方法。该技术的最大优点是能够在锻造过程中保持材料的原始几何形状，或在多次循环后变形量最小。在深冷锻造过程中，保留了高的位错密度和存储应变，从而进一步细化了晶粒，提高了机械性能。研究人员采用深冷锻压的方法制备出纳米晶的钛，材料的强度与延伸率显著提升[18]。冲压成形工艺在汽车车身制造工艺中占有重要的地位，由于成形产品大多形状复杂、结构尺寸大，特别是铝合金覆盖件传统冷冲压工艺成形过程中存在成形性差及表面质量难以控制等共性问题，基于以上原因，人们通过引入深冷冲压技术来提高铝合金的成形极限和改善其冲压表面质量，随着研究的进一步深入，深冷冲压可能为产品的加工链设计提供更多选择以及极大程度改变汽车工业中铝合金的选择。

1.2.3　大塑性变形与轧制的复合加工方法

随着塑性变形技术的发展，近年来复合塑性方法得到科技工作者的广泛关注。人们将传统的大塑性变形方法与室温轧制、深冷轧制相结合，进而实现材料性能的进一步提升。研究发现将等通道转角挤压生产的细晶材料进行进一步轧制，材料的性能得到大幅提高。这种复合工艺的主要机制为：首先对材料进行一定道次的等通道转角挤压，形成大角度等轴超细晶粒，然后再进行轧制形成一个新的稳定组织，从而进一步提高材料的力学性能，其工艺流程如图 1-11 所示。Stepanov 等[19]分析了金属铜经过 10 道次等通道转角挤压以及随后轧制的材料微观组织。他们发现经过 10 道次等通道转角挤压后，超细晶铜的平均晶粒尺寸被降低到 180 nm，随后的轧制使材料晶粒进一步细化，并形成层状结构，平均晶粒尺寸被降低到 110 nm。他们对比分析了等通道转角挤压+轧制复合工艺制备的两种材料的力学性能，轧制工序使材料强度进一步提高了 100 MPa，而韧性也得到一定的提高。图 1-12[20]给出了等通道转角挤压、等通道转角挤压+普通轧制、等通道转角挤压+深冷轧制三种工艺制备的超细晶钛合金的拉伸曲线。经过 10 道次等通道转角挤压，材料的屈服强度为 750 MPa，相对于原始材料 460 MPa 提高了将近 300 MPa；经过 50%压下率的室温轧制之后，材料的屈服强度提高到 760 MPa；而采用等通道转角挤压+深冷轧制工艺时，压下率只有 35%，而屈服强度提高到 800 MPa。在提高材料强度的同时，材料的失效应变也得到提高，从 0.2 提高到 0.23。Hajizadeh 和 Eghbali[20]通过对材料微观组织分析发现：当采用深冷轧制，材料晶粒依然为等轴晶，但位错密度变得非常高。而采用室温轧制时，等轴晶演变为层状结构，并出现了一定程度的动态再结晶。Park 等[21]对比分析了等通道转角挤压及等通道转角挤压+轧制复合工艺生产的 5154 铝合金在 450℃不同应变速率的拉伸情况。他们发现经过轧制后，该铝合金的高温超塑性得到极大的提高。经过等通道转角挤压之后，材料晶粒被演变为等轴晶，晶粒尺寸在 200～400 nm。经过随后的轧制后，等轴晶演变为层状结构，层状晶粒尺寸大约在 200 nm。对等通道转角挤压工艺生产的镁合金进行进一步轧制，Lima 等[22]发现超细晶镁合金材料的储氢性能和机械性能均能够得到进一步提高。从上述研究报道可以得出一个结论，轧制能够进一步改善与提高等通道转角挤压的超细晶金属材料（铜、钛、铝、镁）的性能。

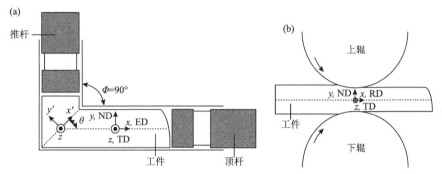

图 1-11　等通道转角挤压（a）与轧制（b）复合工艺图

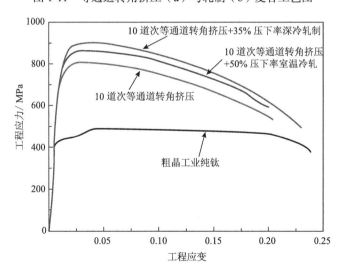

图 1-12　不同工艺情况下金属钛的应力-应变曲线

科研人员将高压扭转和轧制进行结合，以进一步改善产品的机械性能。图 1-13 所示为高压扭转与轧制复合工艺示意图。轧制能够实现以下目的：①制备尺寸更长的样品；②在高压扭转之后提高样品的均匀性。一般来说，高压扭转只能生产小的圆盘状样品，可以通过轧制实现材料尺寸成倍增加。此外，高压扭转处理的样品在边缘比在中心区域更硬。这种不均匀性可以通过轧制来减少。Tao 等[23]采用高压扭转加工了初始晶粒尺寸约为 67 μm 的铜铝合金。在 5.0 GPa 的外加压力下高压扭转 6 圈后，晶粒尺寸细化到约 63 nm。并且高压扭转加工后，将圆盘进一步轧制，然后在 200～310℃下退火 90 min，获得具有高纳米孪晶的材料。

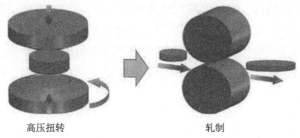

图 1-13　高压扭转与轧制复合工艺示意图

　　与此同时，也有很多研究[24, 25]表明对累积叠轧生产的超细晶金属带材进行进一步轧制，能够有效地提高材料的综合性能。图 1-14 所示为累积叠轧与异步轧制复合工艺示意图。

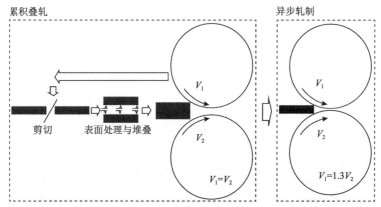

图 1-14　累积叠轧与异步轧制复合工艺示意图

　　在累积叠轧工艺中，由于道次压下率设定在 50%，虽然在轧制前进行加热，但是材料界面的质量很难控制，界面处残留有很多的孔洞。采用异步轧制技术对累积叠轧生产的超细晶铝合金带材进行后续轧制[23]，随着后续轧制道次的增加，材料界面的残留孔洞逐渐消失，经过 3 道次后界面完全结合，如图 1-15 所示。与此同时，随着异步轧制道次的增加，材料的强度持续增加。其韧性虽然一开始有所降低，但是经过第 2 道次异步轧制后，材料的韧性又有所升高。考虑到材料的尺寸效应（厚度由 1.5 mm 降低到 0.04 mm），在异步轧制过程中，材料的强度与韧性是同步提高的。对材料微观结构分析发现异步轧制过程中，绝大部分晶粒尺寸逐渐减小，然而，也出现了一部分晶粒的异常长大。随着轧制道次的增加，异常长大的晶粒的比率逐渐增加。从而形成了一个典型的双尺度材料结构，促使材料具有良好的韧性和强度。喻海良等[25]也对累积叠轧+深冷轧制复合工艺生产的超细晶铝合金进行了研究。在累积叠轧过程中，当轧制道次从第 3 道次增到第 5 道次时，材料的晶粒细化程度很小。然而，当采用深冷轧制时，材料晶粒组织细化非常明显。在等效应变相同的情况下，采用深冷轧制生产的金属铝合金的晶粒尺寸细小了 30%。同时，研究发现，材料的强度与韧性均比累积叠轧生产的材料大幅提高。

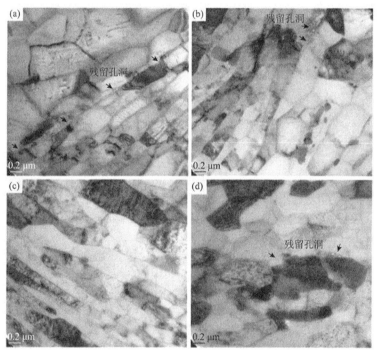

图 1-15　累积叠轧与异步轧制结合制备 1050/6061 铝合金复合带材界面孔洞：（a）累积叠轧；（b）同步轧制；（c）异速比 1.2 的异步轧制；（d）异速比 1.4 的异步轧制

参 考 文 献

[1] Wang Y, Chen M, Zhou F, Ma E. High tensile ductility in a nanostructured metal. Nature, 2002, 419: 912-915.

[2] Lu K. Making strong nanomaterials ductile with gradients. Science, 2014, 345: 1455-1556.

[3] Yu H L, Tieu K, Hadi S, Lu C, Godbole A, Kong C. High strength and ductility of ultrathin laminate foils using accumulative roll bonding and asymmetric rolling. Metal Mater Trans A, 2015, 46: 869-879.

[4] Yu H L, Lu C, Tieu K, Li H J, Godbole A, Liu X, Kong C. Microstructure and mechanical properties of large-volume gradient aluminium sheets fabricated by cyclic skin-pass rolling. Philos Mag, 2019, 99: 2265-2384.

[5] Wu X, Yang M, Yuan F, Wu G, Wei Y, Huang X, Zhu Y. Heterogeneous lamella structure unites ultrafine-grain strength with coarse-grain ductility. Proc Natl Acad Sci USA, 2015, 112: 14501-14505.

[6] Wu Y Z, Zhang Z Y, Liu J, Kong C, Wang Y, Tandon P, Pesin A, Yu H L. Preparation of high-mechanical-property medium-entropy CrCoNi alloy processed by asymmetrical cryorolling. Trans Nonferr Met Soc China, 2022, 32: 1559-1574.

[7] Li Z D, Gu H, Kong C, Yu H L. Low-temperature short-time annealing induced high strength and ductility in a cryorolled pure nickel. Metal Mater Trans A, 2022, 53: 2338-2345.

[8] Lu L, Sui M L, Lu K. Superplastic extensibility of nanocrystalline copper at room temperature. Science, 2000, 287: 1463-1466.

[9] Marceau R, Vaucorbeil A D, Sha G, Ringer S P, Poole W J. Analysis of strengthening in AA6111 during the early stages of aging: Atom probe tomography and yield stress modelling. Acta Mater, 2013, 61 (19): 7285-7303.

[10] Ninive P H, Strandlie A, Gulbrandsen-Dahl S, Lefebvre W, Marioara C D, Andersen S, Friis J, Holmestad R, Løvvik O M. Detailed atomistic insight into the β″ phase in Al-Mg-Si alloys. Acta Mater, 2014, 69: 126-134.

[11] Valiev R Z, Langdon T G. Principles of equal-channel angular pressing as a processing tool for grain refinement. Prog Mater Sci, 2006, 51: 881-981.

[12] Zhilyaev A P, Langdon T G. Using high-pressure torsion for metal processing: Fundamentals and applications. Prog Mater Sci, 2008, 53: 893-979.

[13] Saito Y, Utsunomiya H, Tsuji N, Sakai T. Novel ultra-high straining process for bulk materials development of the accumulative roll-bonding (ARB) process. Acta Mater, 1999, 47: 579-583.

[14] Yu H L, Lu C, Tieu K, Kong C. Fabrication of nanostructured aluminum sheets using four-layer accumulative roll bonding. Mater Manuf Process, 2014, 29 (4): 448-453.

[15] Yu H L, Lu C, Tieu K, Li H J, Godbole A, Zhang S H. Special rolling techniques for improvement of mechanical properties of ultrafine-grained metal sheets: A review. Adv Eng Mater, 2016, 18: 754-769.

[16] Xiong H Q, Su L H, Kong C, Yu H L. Development of high performance of Al alloys via cryo-forming: A review. Adv Eng Mater, 2021, 23: 2001533.

[17] Li J, Gao H T, Kong C, Tandon P, Pesin A, Yu H L. Mechanical properties and thermal stability of gradient structured Zr via cyclic skin-pass cryorolling. Mater Lett, 2021, 302: 130406.

[18] Zhao S, Zhang R, Yu Q, Ell J, Ritchie R O, Minor A M. Cryoforged nanotwinned titanium with ultrahigh strength and ductility. Science, 2021, 373: 1363-1368.

[19] Stepanov N D, Kuznetsov A V, Salishchev G A, Raab G I, Valiev R Z. Effect of cold rolling on microstructure and mechanical properties of copper subjected to ECAP with various numbers of passes. Mater Sci Eng A, 2012, 554: 105-125.

[20] Hajizadeh K, Eghbali B. Effect of two-step severe plastic deformation on the microstructure and

mechanical properties of commercial purity titanium. Metal Mater Int, 2014, 20: 343-350.

[21] Park K T, Lee H J, Lee C S, Skin D H. Effect of post-rolling after ECAP on deformation behavior of ECAPed commercial Al-Mg alloy at 723K. Mater Sci Eng A, 2005, 393: 118-124.

[22] Lima G F, Triques M R M, Kiminami C S, Botta W J, Jorge A M Jr. Hydrogen storage properties of pure Mg after the combined processes of ECAP and cold-rolling. J Alloy Compd, 2014, 586: S405-S408.

[23] Tao J M, Chen G M, Jian W W, Wang J, Zhu Y T, Zhu X K, Langdon T G. Anneal hardening of a nanostructured Cu-Al alloy processed by high-pressure torsion and rolling. Mater Sci Eng A, 2015, 628: 207-215.

[24] Yu H L, Lu C, Tieu K, Godbole A, Su L, Sun Y, Liu M, Tang D, Kong C. Fabrication of ultrathin nanostructured bimetallic foils by accumulative roll bonding and asymmetric rolling. Sci Rep, 2013, 3: 2373.

[25] Yu H L, Tieu K, Lu C, Godbole A. An investigation of interface bonding of bimetallic foils by combined accumulative roll bonding and asymmetric rolling. Metal Mater Trans A, 2014, 45: 4038-4045.

第 2 章   金属材料在深冷环境中的力学性能

在第 1 章中我们对超细晶金属材料及其主要制备方法进行了介绍。在这些制备方法中，深冷轧制方法是近年来新发展起来的技术，得到科研人员越来越多的关注。然而，深冷轧制工艺并非适合所有的金属材料。例如，某些钢铁材料在低温下会有低温脆性，锡在−14℃左右就会发生崩裂现象。因此，在选择金属材料进行深冷轧制前有必要针对它们在深冷环境中的材料加工性能开展研究。目前，可以采用的方法主要包括深冷拉伸、深冷压缩、深冷杯突实验等。本章主要介绍采用深冷拉伸方法对铝合金、铜合金、钛合金等材料在深冷环境中的力学性能研究结果。图 2-1 所示为可以用来检测材料在室温和深冷环境中力学性能的拉伸实验设备。

图 2-1   室温与深冷拉伸设备图

2.1   铝合金材料在深冷与室温环境下力学性能变化

2.1.1   铝合金深冷环境力学性能实验研究

铝合金材料在深冷环境中具有较为优异的力学性能。本节通过对商业 6061

铝合金材料进行室温轧制处理，研究不同压下率室温（room temperature，RT）拉伸和深冷（cryogenic temperature，CT）拉伸（−100℃）力学性能差异，检测材料的深冷力学性能，确定材料是否适合深冷轧制[1]。采用的设备如图 2-1 所示。图 2-2 所示为固溶处理（solution treatment，ST）、50%、70%及 85%压下率轧制后 6061 铝合金材料在室温和深冷环境拉伸的工程应力-应变曲线图。从图中可以看出，随着轧制压下率的增大，材料的强度大幅提高，然而延伸率显著减小。我们可以清晰地看到，深冷环境下 6061 铝合金材料的强度和延伸率相对于其在室温环境均有所提高。

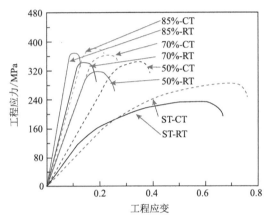

图 2-2　固溶态、50%、70%及 85%压下率轧制的 6061 铝合金材料在室温
和深冷环境中拉伸的工程应力-应变曲线

　　图 2-3 为深冷环境和室温环境 6061 铝合金材料的强度及延伸率的比较曲线。图 2-3（a）显示材料的极限抗拉强度（ultimate tensile strength，UTS）及屈服强度（yield strength，YS）都随着轧制压下率的增大而升高；同时，6061 铝合金材料的极限抗拉强度与屈服强度之间的差别随着轧制压下率的增大而减小。在固溶处理后材料的极限抗拉强度为（235±5）MPa，屈服强度为（143±5）MPa，两者差值为 92 MPa。当轧制压下率达到 85%，室温拉伸时，极限抗拉强度为（366±6）MPa，屈服强度与其仅有 1 MPa 的差值，说明室温拉伸环境下随着压下率的增大，塑性硬化程度降低。图 2-3（b）是室温拉伸环境下延伸率的变化图，经分析其可知，固溶处理之后材料室温拉伸的延伸率达到了 67.1%±2.8%，在经过 5 个道次的轧制处理后，压下率 50%时，延伸率为 25.5%±1.3%，当压下率为 85%时，延伸率降低为 12.9%±1.4%；通过观察延伸率下降量以及延伸率下降速率，我们可以进一步发现，随着压下率的增大，延伸率下降率变化越来越缓慢，侧面说明材料的加工越来越困难；由此可见，随着压下率的增大，样品的延伸率逐渐降低，加工硬化程度变高，塑形变形困难。图 2-3（c）显示了样品在深

冷环境极限抗拉强度与屈服强度的对比图，与室温相比，极限抗拉强度与屈服强度也都随着压下率的增大而增加；从图中可以看出固溶处理下极限抗拉强度与屈服强度的差值为 97 MPa，当压下率增加到 85%时，其差值降低为 11 MPa，相较于室温来说，材料在深冷温度下进行拉伸变形，强化强度升高。图 2-3（d）为深冷环境下延伸率与延伸率下降率变化曲线，从图中可以看出固溶处理后的样品延伸率达到了 76.26%±1.2%，压下率增大到 50%时延伸率变为 35.26%±1.5%，压下率为 85%时，延伸率下降为 20.78%±1.3%，压下率由 50%增大到 85%时，下降率也从 46%降低到 19.4%。

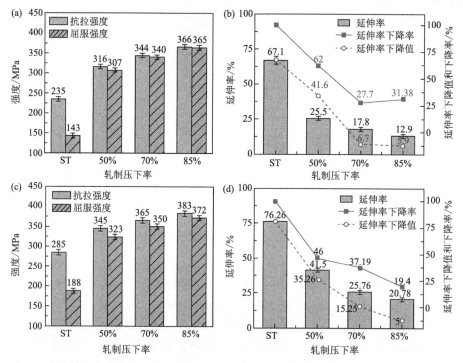

图 2-3　室温极限抗拉强度与屈服强度（a）、室温延伸率与延伸率下降值和下降率（b）变化曲线；深冷环境下极限抗拉强度与屈服强度（c）、深冷环境延伸率与延伸率下降值和下降率（d）变化曲线

　　图 2-4 为室温与深冷环境样品力学性能对比图。观察图 2-4（a）以及图 2-4（c）的极限抗拉强度差异曲线可以直观地发现，深冷环境下相同处理条件的样品极限抗拉强度值均高于室温环境；并且由图 2-4（c）可以清晰地知道，随着压下率的增大，深冷与室温拉伸的极限抗拉强度差值逐渐减小，固溶处理的材料在深冷与室温拉伸的强度差值为 50 MPa，当压下率为 85%时，深冷拉伸与室温拉伸的差值降低为 17 MPa。继续观察图 2-4（b）以及图 2-4（c）的延伸率的差异曲线，也能够了解深冷环境下的延伸率整体高于室温环境下的延伸率，并且由图 2-4（c）延

伸率差值曲线可以知道，固溶处理后材料的深冷延伸率相对于室温提高了约
9.16 个百分点，在轧制到 2 mm（压下率 50%）时，延伸率反而提高了 16 个百分点，随着轧制压下率的继续增大，延伸率差值降低，当压下率为 85% 时，样品深冷与室温拉伸延伸率差值降低为 7.88%。总体来说，深冷轧制后的样品性能整体优于室温轧制，且随着压下率的增大，性能差异逐渐减小，这一规律与深冷环境抑制晶粒在变形过程的动态回复有关。

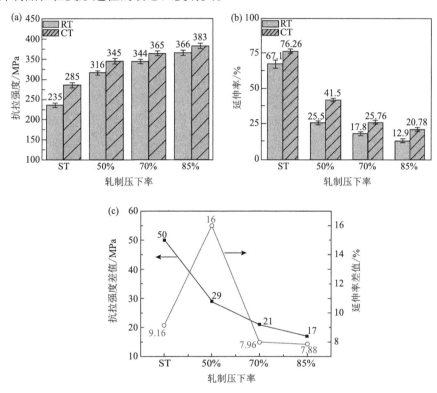

图 2-4　室温与深冷拉伸环境样品的力学性能对比：（a）极限抗拉强度；
（b）延伸率；（c）力学性能差值

图 2-5 为扫描电子显微镜（scanning electron microscope，SEM）得到的不同压下率和不同温度拉伸环境下样品的断口形貌图。从图 2-5（a）～（c）中标尺为 20 μm 图像可以明显看出，室温轧制（room-temperature rolling，RTR）下，随着压下率的增加，韧窝尺寸变得越来越小，越来越浅。观察图 2-5（a）～（c）中标尺为 100 μm 下的图片可知，50% 压下率下的样品纤维区较大且灰度大，韧窝密集，放射区相对较小，此时合金属于韧性断裂；当压下率增大到 85% 时，样品纤维区较小且灰度小，韧窝相对稀疏，放射区相对较大，此时合金的断裂方式是介于韧性断裂和脆性断裂之间的混合型断裂。仔细观察标尺为 500 μm 的

SEM 图像可知，随着裂纹扩展到样品表面，断裂表面相对于拉伸轴形成了 45°角的斜面。随着压下率的增大，材料的延伸率降低。在标尺为 20 μm 的图像中，与室温拉伸样品相比，深冷环境拉伸样品中韧窝的尺寸和深度[图 2-5（d）~（f）]都有所增加，这说明在深冷拉伸环境中材料的塑性形状有一定程度的改善。对比标尺为 100 μm 的图 2-5（a）~（c）和图 2-5（d）~（f），深冷拉伸后断口的纤维区相对于放射区的比例均高于室温环境的断口。结果表明，组织中位错的数量增加，这也是合金高加工硬化行为的原因。这一微观结果进一步证实了图 2-4（b）所示的延伸性能。

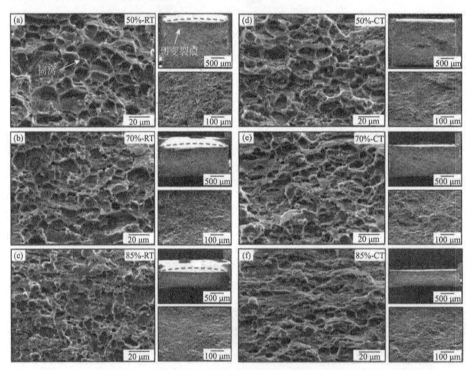

图 2-5　50%（a）、70%（b）和 85%（c）轧制带材在室温拉伸环境下的断口形貌；50%（d）、70%（e）和 85%（f）轧制带材在深冷拉伸环境下的断口形貌

图 2-6（a）和（c）为室温下轧制压下率为 70% 时不同放大倍数下样品的透射电子显微镜（TEM）微观组织。轧制后，由于晶粒细化、位错堆积和晶粒重排，材料中形成了大量等轴亚晶粒、亚晶界和超细晶以及较不清晰的位错墙。其中亚晶的形成会使合金内部晶界数目增加，晶格摩擦应力得到显著的增强，从而使合金的强度提高；位错墙的存在会阻碍位错的滑移，使接下来的变形变得更加困难，进而使合金出现加工硬化的现象。超细晶的形成是合金局部变形抗力增加的主要原因。在轧制过程中，晶粒在大的变形力的作用下会先被拉得细

长，亚晶粒通过位错滑移机制在晶粒内部形成。对于金属材料，亚晶粒尺寸（λ）取决于应力：

$$\lambda = \zeta b \left(\frac{\sigma}{G} \right)^{-1} \qquad (2\text{-}1)$$

式中，b 为伯氏矢量；G 为剪切模量；ζ 是常数。对于铝合金，$b=0.286$，$G=25.5$ GPa，ζ 范围为 0～20。亚晶界对位错运动有一定的阻挡作用，即阻碍了位错的滑移从而使合金的变形难上加难，有利于合金的强化。图 2-6（b）和（d）为室温轧制样品压下率 85%的微观组织。相对于 70%压下率的微观结构，其变形组织明显，包括细长的亚结构、大的位错缠绕、晶界不清的晶胞以及明显的位错墙，这些错综复杂的结构使得合金在变形力增大的同时，强度进一步增加。随着压下率的增大，组织中产生了较高的位错密度，形成了较大的位错纠缠范围和较小的位错堆积空间，使得晶界越发不明显，亚晶粒的含量急剧增加。

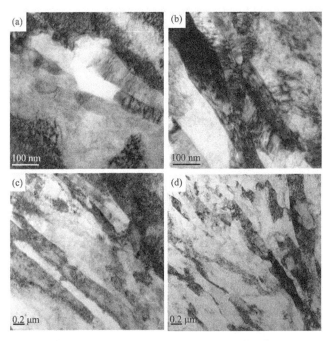

图 2-6　不同轧制压下率及不同放大倍数下样品的 TEM 图像：（a）70%-100 nm；
（b）85%-100 nm；（c）70%-0.2 μm；（d）85%-0.2 μm

图 2-7 为不同轧制压下率下的晶粒尺寸分布，通过对多幅 TEM 图像测量得出。室温轧制压下率为 70%时，平均晶粒尺寸为 235 nm；压下率为 85%时平均晶粒尺寸为 155 nm。从晶粒尺寸的变化可以看出，轧制变形使得晶粒得到大幅度细化，

晶界数量明显增加，从而晶间摩擦增加，后续变形抗力增加，最终导致材料的强度显著提升。在 TEM 图像中观察到少部分超细晶晶粒，在使得合金强度增加的同时，韧性也不会下降太快，从而达到强度和塑性良好配合的目的。

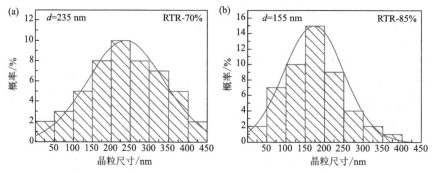

图 2-7　70%（a）和 85%（b）轧制压下率下的晶粒尺寸分布

图 2-8 为不同轧制压下率室温拉伸与深冷拉伸样品断口 TEM 图像。在相同的放大倍数下，对比室温拉伸断口［图 2-8（a）和（b）］，可以看到，材料轧制变形量越大，在拉伸断裂后的断口微观组织中，位错缠结仍然相对明显，形成了清晰

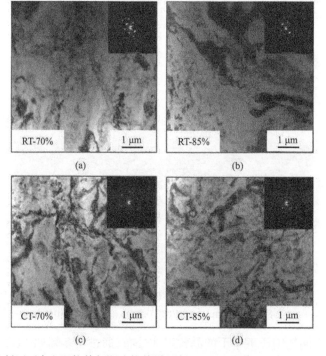

图 2-8　不同轧制压下率室温拉伸与深冷拉伸样品断口 TEM 图像：（a）RT-70%；（b）RT-85%；（c）CT-70%；（d）CT-85%

的位错墙，阻碍了位错的滑移，使得位错密度增加，从而使得位错强化的作用更加明显。同时在图 2-8（a）和（b）中观察到断口处有许多的沟壑，且压下率较小时，沟壑较深较明显，从侧面反映了材料的延展性随着压下率的增加而减小。对比图 2-8（a）和（c），可清晰地看到，深冷环境下拉伸后的断口处，缠结的位错如一层致密的氧化膜分散在合金中；我们对比图 2-8（b）和（d）也可得到同样的结果。在深冷环境拉伸后材料整体的下断口形貌呈河流状分布，可见材料此时的韧性较室温拉伸更好。

　　X 射线衍射（X-ray diffraction，XRD）是研究材料结构的重要方法之一，其主要工作原理是通过 X 射线在晶体中发生衍射，然后利用布拉格公式测定晶体的结构特性。图 2-9 为固溶态、轧制压下率为 50%、70% 和 85% 样品的 XRD 结果。在轧制样品中，观察到沿（200）晶面的择优取向，这是由轧制应变在轧制方向上的累积造成的。这一结果为织构的演变提供了证据。在图中观察到的主峰均为铝基体。同时，从图中还可以发现，在不同的条件下，同一晶面，衍射峰的强度差值有明显的不同。

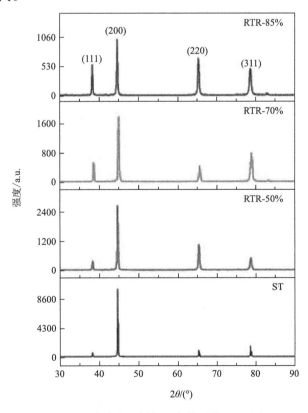

图 2-9　合金在不同加工条件下的 XRD 图

利用 Jade6.5 软件和 Williamson-Hall（WH）技术分析了微晶区、位错密度和晶格应变的大小及微应变。计算公式如下：

$$\frac{\beta \cos \theta}{\lambda} = \frac{1}{D_v} + 2e\left(\frac{2\sin \theta}{\lambda}\right) \tag{2-2}$$

式中，β 为积分宽度；λ 为波长；D_v 为体积加权晶粒尺寸；e 为微应变。位错密度（ρ）计算公式如下：

$$\rho = \left(\rho_D \times \rho_s\right)^{0.5} \tag{2-3}$$

式中，ρ_D 为晶粒尺寸为主导的位错密度；ρ_s 为由应变展宽引起的位错密度。计算方法如下：

$$\rho_D = \frac{3}{D_v^2} \tag{2-4}$$

$$\rho_s = \frac{Ke^2}{b^2} \tag{2-5}$$

式中，$K=6\pi$；b 为伯氏矢量，$b = \alpha / \sqrt{2}$，其中 α 为铝合金的晶格常数，$\alpha = 0.404$，对于铝合金，$b=0.286$ nm。表 2-1 列出了微晶尺寸、微应变和位错密度的值，其是通过式（2-2）～式（2-5）计算得出的。

表 2-1　固溶热处理、室温轧制不同压下率下样品的微晶尺寸、微应变和位错密度

加工状态	D_v/nm	e/（×10⁻³）	ρ /m⁻²
固溶态	2769	0.41	3.89×10^{12}
轧制-50%	305	1.65	1.42×10^{14}
轧制-70%	235	1.80	2.01×10^{14}
轧制-85%	155	2.01	3.41×10^{14}

由表 2-1 可知，在固溶处理后，位错密度为 3.89×10^{12} m⁻²。轧制压下率为 85% 时，位错密度最高，为 3.41×10^{14} m⁻²。轧制过程中，位错密度随压下率的增大而增大。此外，在 50%、70% 和 85% 的轧制压下率下，轧制样品的位错密度均高于固溶处理后的样品。从 Jade 的数据分析可以得出，大的变形量加速了位错滑移，使得位错集聚，从而提高了位错密度。拉伸变形过程中，材料中的位错密度随塑性变形而增加。另外，在变形过程中，位错变得可移动并且能够滑动，交叉滑移

和爬升,从而可能使位错消失。残余位错取决于应变量,缠结的位错逐渐增加了对进一步位错运动的抵抗力,从而增强了材料的性能。

Wei 等[2]和 Klimova 等[3]认为在深冷环境下材料表面形成了不同于自由表面的钝化层。这阻止了位错的滑动,进而晶体的位错密度增加。同时,这些位错与位错源发生反应,抑制了位错源的形成,从而进一步提高了抗拉强度。固溶强化一般归因于点阵摩擦,点阵摩擦随温度的降低而增大。摩擦应力(σ_{fr})对温度(T)的依赖关系可以表示为[4]

$$\sigma_{fr} = \sigma_{fr}(0)\exp\left(\frac{-2\pi\omega_0 T}{3bT_m}\right) \tag{2-6}$$

式中,$\sigma_{fr}(0)$ 为 $T=-273℃$ 处的摩擦应力;ω_0 为 $T=-273℃$ 处的位错宽度;b 为伯氏矢量;T_m 为熔化温度。利用式(2-6)计算了 $-196℃$ 时的摩擦应力值与室温 σ_{fr} 的比值,计算结果与 6061 铝合金多个等原子面心立方结构(FCC)固溶体的结果一致;根据 Thermo-Calc2017 软件估算,6061 铝合金的 T_m 值为 535℃。高晶格摩擦应力可能是合金深冷拉伸变形强化的原因之一。因此,随着晶格摩擦应力的增大,材料的变形抗力增大,变形困难,因此材料的强度增大。

图 2-10 列出了不同铝合金在室温和深冷环境中断裂延伸率的变化情况[5]。从中可以看出对于绝大部分铝合金材料,随着深冷温度的降低,材料的延伸率增强。

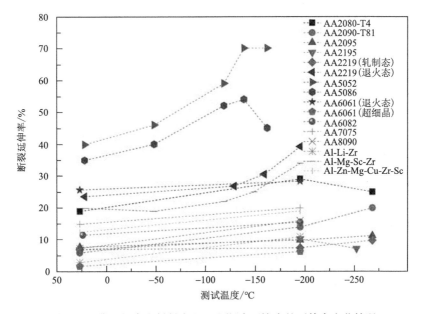

图 2-10 典型铝合金材料在室温和深冷环境中的延伸率变化情况

2.1.2 铝合金深冷环境强韧双增分子动力学研究

2.1.1节研究结果显示6061铝合金材料在深冷环境下具有比室温更优异的力学性能（高强、高韧）。本节主要介绍通过分子动力学（MD）来计算铝镁硅合金中β″相以及变形温度等对材料在深冷环境中的变形机制的影响。选择铝基体+主强化相β″沉淀物作为本工作的测试系统，研究β″相对样品纳米力学性能的影响，同时也揭示了深冷温度效应[6]。

建模前首先确定铝基体和β″相的晶体结构信息（表2-2）以及二者取向关系：

$$[230]_{Al} // [100]_{\beta''}^{Conv.}, [001]_{Al} // [010]_{\beta''}^{Conv.}, [\bar{3}10]_{Al} // [001]_{\beta''}^{Conv.} \quad (2\text{-}7)$$

表 2-2　Al 基体和 β″相的晶体结构信息

结构		结构参数			
		a/nm	b/nm	c/nm	β/（°）
β″相	单斜（$C2/m$）	1.589	0.394	0.657	103.3
		1.583	0.398	0.652	105
		1.516	0.405	0.674	105.3
铝基体	FCC	0.405	—	—	—

从中可以看出，铝基体晶向指数不满足正交关系，此时应该将z向设置为$[\bar{3}20]$，取向关系中的第三项依旧成立，并且y向需设置为$[00\bar{1}]$，由此确定了铝基体的晶向指数：

$$x[230], y[00\bar{1}], z[\bar{3}20] \quad (2\text{-}8)$$

首先，沿式（2-8）中的晶向指数制备一个FCC单晶铝纳米线（图2-11），其体积为（15×45×15）nm³（铝基体的晶格常数a_{Al}取0.405 nm）。然后，将单斜结构（$C2/m$）的β″相常用晶粒尺寸分别沿$a_{\beta''}$、$c_{\beta''}$方向扩大5、12倍，而沿$b_{\beta''}$方向扩大后β″相长度为变量l_b，得到β″相体积为（7.95×l_b×7.89×sinβ）nm³，其中β取103.3°，将其嵌入到上一步生成的铝基体中，最后，经过布尔运算删除了与β″相重叠的铝原子，由此得到铝合金材料的初始构型。l_b决定了β″相在样品中的体积分数φ（表2-3），二者关系为φ=7.95×l_b×7.89×$\sin\beta$/(15×45×15)=l_b×(6.029×10^{-3})。φ会影响样品原子个数N，不同样品的N始终在600000左右波动，偏差较小。原子间作用势采用Jelinek等[7]针对铝、硅、镁、铜和铁元素开发的一套改进的嵌入原子方法（modified embedded-atom method，MEAM）计算，并且他们还完成了该势函数的有限温度测试。

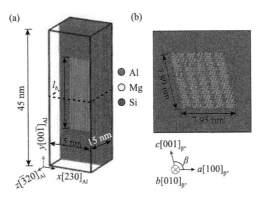

图 2-11　铝镁硅合金分子动力学模型：（a）铝基体尺寸及其晶向指数（纵向截面图）；
（b）β″相构型及其与铝基体位置关系（横向截面图）

表 2-3　含 β″ 相的 Al-Mg-Si 合金样品仿真参数

参数	参数范围	默认值
β″相长度 l_b/nm	0, 5.9, 11.8, 17.7, 23.6, 29.5	17.7
β″相体积分数 φ	0, 0.036, 0.071, 0.107, 0.142, 0.178	0.107
温度/K	27, 77, 127, 177, 227, 300	77

注：l_b=0 表示铝基体中不含 β″相，即系统为纯铝。

表 2-3 给出了计算工作中的仿真参数，建模过程包含 2 个步骤：第 1 步，考虑深冷拉伸实验采用的温度，将仿真温度默认值设置为 77 K，以此考察 β″相的体积分数 φ 对铝镁硅材料样品力学性能的影响；第 2 步则是利用温度效应调控样品的力学响应，该样品的 φ 取 0.107 是根据第 1 步仿真结果而设置的，这是因为该体积分数下样品性能较佳。

本项工作中的几何建模和数值求解利用 LAMMPS 实现。进行原子模拟时，为了实现拉伸变形，采用的方法是改变盒子大小，再将位置和速度分配给每个原子，拉伸应变速率为 1×10^9 s^{-1} 且恒定。所有模拟都是在 1 fs（10^{-15} s）的时间步长下采用 Velocity-Verlet 积分算法完成的。单轴拉伸测试前，首先对模型几何结构进行优化，采用共轭梯度法使样品达到势能极小化状态，然后在 50 ps 的时间间隔内将温度从室温降低到目标温度 T_{target} 后，再弛豫 150 ps 以达到平衡状态。以上两个过程在等温-等压系综（isothermal-isobaric ensemble）下完成，将模型中的三个方向设置为周期性边界条件。单轴拉伸过程中则改用 Nosé-Hoover 恒温模型进行恒温设置，此时将 x 向更改为自由边界，以便观察颈缩过程。

对样品进行 y 轴单轴拉伸模拟后，得到图 2-12 所示的拉伸力学响应曲线以及峰值和流变应力变化规律。所有样品的单轴拉伸曲线与常见的应力-应变曲线十分相似[图 2-12（a）]：一开始应力都是先随应变单调增大，在达到峰值应力后发生突变，应力开始减小。小应变下，含 β″ 相的样品拉伸曲线斜率明显大于纯铝。值得注意的是，本样品拉伸响应不同于含大量晶界的多晶变形，因此与实验拉伸曲线对照，这种突变并非屈服，而是单晶中产生了一定规模的位错。图 2-12（b）表明，在 y 向上 β″ 相对样品力学性能的贡献效果十分明显，$\varphi=0.107$ 是峰值应力为极大值时的 β″ 相体积分数，与纯铝样品相比峰值应力增长了 97.05%，样品在 y 向上的强度大大提高了。同时，流变应力的变化趋势同样存在起伏，呈现出先递增后减小的规律，在 $\varphi=0.071$ 时出现极大值，此时该样品在变形过程中产生瞬时塑性流变所需的真实应力达到极大。简言之，它抵抗塑性变形的能力优于其他样品。通过上述分析发现，在 y 向上拉伸力学性能受 β″ 相体积分数 φ 的影响十分复杂，所以本节余下篇幅将针对 y 向拉伸力学行为进行进一步的分析，以期深入了解由 φ 变化而导致的转变行为。

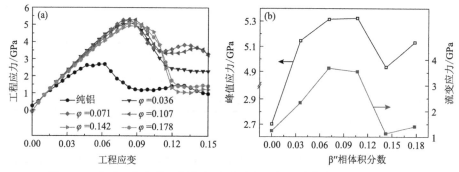

图 2-12　（a）y 向上的工程应力-应变曲线；（b）峰值应力和流变应力与
β″ 相体积分数的关系

原子应变分布图可以直观地显示样品在拉伸过程中变形严重的区域，采用 Cheng 等[8] 定义的指标 ψ 计算了不同 φ 值的样品在拉伸方向（y 轴）上的原子应变局域化程度[图 2-13（a）]。

$$\psi = \sqrt{\frac{1}{N}\sum_{i=1}^{N}(\varepsilon_i^{\text{Atomic}} - \varepsilon_{\text{ave}}^{\text{Atomic}})^2} \qquad (2\text{-}9)$$

式中，$\varepsilon_{\text{ave}}^{\text{Atomic}}$ 为样品中原子应变的平均值。事实上，式（2-9）就是原子应变的标准差计算公式，因此计算得到的 ψ 越大，说明样品内原子越倾向于出现更大的应变分布范围，侧面反映出某些样品在局部出现更大的应变极大值[图 2-13（b）]。如图 2-13（a）所示，应变为零时，含有 β″ 相的这 5 个铝镁硅合金样品都没有发生原子应变局域化，随着应变的增大，一直到 $\varepsilon=0.09$，图中的 5 条曲线都在缓慢增长，当 $\varepsilon>0.09$ 之后，$\varphi=0.036$ 的样品率先开始出现明显的原子应变局域化，其最终的局域化程度超过了 $\varphi=0.071$ 和 0.107 的样品，$\varphi=0.142$ 和 0.178 样品的局域化程度一直随着应变的增大平稳增加，当 $\varepsilon=0.105$ 时，$\varphi=0.142$ 和 0.178 的样品应变局域化程度开始激增，且增长速率远大于前面 3 个样品，其最终的应变局域化程度也分列最高和次高。值得注意的是，这种曲线形态[即 φ=0.107 和 0.142]发生大幅度转变的原因是 β″相体积分数微小的变化（而 β″相长度 l_b 也仅相差 5.9 nm），这表明了样品中铝基体与 β″相耦合构型的小变化也能引起变形行为的大响应。

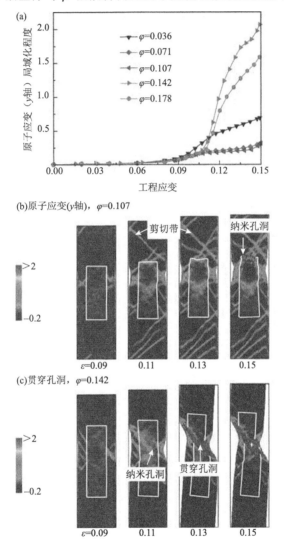

图 2-13　（a）原子应变（y 轴）的局域化程度；（b，c）φ=0.107 和 φ=0.142 时原子应变分布（y 轴）以及微孔隙的形成

φ=0.107 和 0.142 的样品原子应变分布如图 2-13（b）和（c）所示，从中我们发现在相同的变形量下二者的差异十分显著。图 2-13（b）所示是样品的纵向截面图，图中使用的切片平面是纵向对称面，即平行于 xoy 平面且位于 z 轴的一

半。我们用白色线条标记了 β″ 相的形状轮廓，通过白色线条包围区域的变化能够反映 β″ 相沿拉伸方向（y 轴）的变形情况。图 2-13（b）显示拉伸变形时样品出现了一些重要缺陷，如微孔隙和贯穿孔洞。注意，即使是在周期性边界条件的 z 向上，当模拟还未完全结束（$\varepsilon=0.13$）时纳米孔洞也会发展为完全贯通的孔洞[图 2-13（c）]，这也说明 $\varphi=0.142$ 的样品局部变形相当剧烈，与图 2-12（b）中的结果相对应。

当 $\varphi=0.107$，样品抵抗变形能力较高，其主要原因在于剪切带"避开"了 β″ 相而分布在铝基体上下两端，并且在 Al/β″ 界面结合处形成了原子堆积，只允许该样品少量的颈缩。反观 $\varphi=0.142$ 的样品，当 $\varepsilon=0.11$ 时，也是在右侧几乎与 $\varphi=0.107$ 的样品相同的位置开始形成局部缺陷[图 2-13（c）]，但是这些微孔隙缺陷更加接近 β″ 相的腰部，加之原子应变相对较大，这些微孔隙引发了致命的结果——在 x 方向上 45°的剪切带几乎拦腰切过整个样品，也包括 β″ 相，而铝基体其他区域几乎没有出现同图 2-13（b）中一样的景象。

利用位错提取算法（dislocation extraction algorithm，DEA）我们提取了 4 个 y 轴拉伸样品的位错密度并进行了统计和比较。图 2-14 中给出了总位错、Shockley 不全位错以及全位错的密度。Al 是一种层错能高的金属晶体，发生层错的概率相对较小，所以位错密度的数量级仅为 10^{16}，与 Cu、Ni 等低位错能晶体相比低了

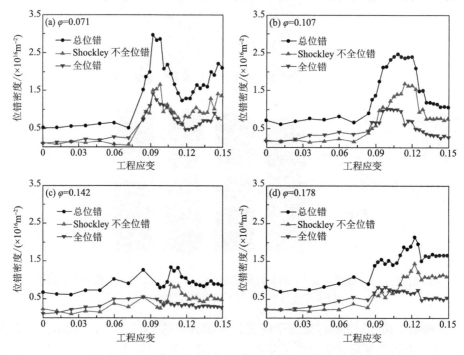

图 2-14　位错密度与 β″ 相体积分数 φ 的依赖关系

接近 1 个数量级。除了前面提到的 Shockley 不全位错和全位错这两种位错以外，金属材料中还普遍存在梯杆（stair-rod）位错、Hirth 位错、Frank 位错以及适配位错占多数的不全位错等，但它们的占比相对较小，所以将其一起计算在总位错中。

对比上述 4 个样品的位错密度，显示位错密度与 β″ 相体积分数 φ 之间具有紧密关联：在同样的拉伸模拟设置和变形量下，$\varphi=0.142$ 时总位错密度水平是 4 个样品中最低的，其峰值仅达到 1.336×10^{16} m^{-2}，而 $\varphi=0.107$ 时，总位错密度总体水平要高得多，峰值高达 2.467×10^{16} m^{-2}。当 $\varphi=0.178$ 时，β″ 相体积分数比 $\varphi=0.142$ 只增加了 0.036，而总位错密度又立即开始增大，最大可达到 2.124×10^{16} m^{-2}。

通过上面的分析发现，β″ 相体积分数 $\varphi=0.107$ 时样品的力学性能较好。接下来进一步研究温度变化对此样品性能的影响。换言之，此节的任务是考察含 β″ 相铝镁硅合金样品纳米力学的温度效应。图 2-15（a）展示了 6 个温度下的应力-应变曲线，温度范围是 27～300 K，前五个温度设置按 50 K 递增，最后一个则设置为室温。不同温度下的应力-应变曲线与图 2-12 节展示的应力-应变曲线趋势相似（都是在达到峰值应力后下降至某一均值附近涨落），更多的细节可以从图 2-15（b）中获得：首先，温度升高，样品的峰值应力出现明显下降，温度增幅为 273 K 时，峰值应力同比降低 18.9%。其次，流变应力在温度达到 127 K 时骤然下降，之后

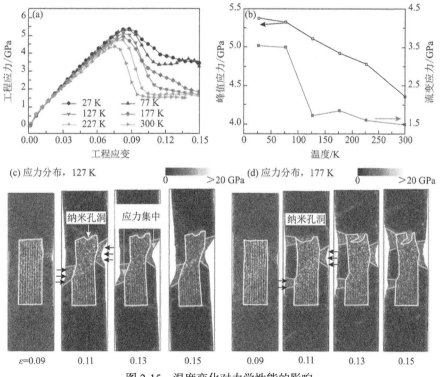

图 2-15　温度变化对力学性能的影响

的三个温度（即 177 K、227 K 和 300 K），样品的流变应力呈现缓慢下降的趋势。在整个温度范围内，流变应力降幅为 57.8%。总之，峰值应力和流变应力都受到温度升高带来的负面影响。

图 2-15（c）和（d）分别给出了变形温度为 127 K 和 177 K 的样品在 y 向上单轴拉伸过程中的原子 von Mises 应力分布，其计算公式为

$$\sigma_{Mises}^{Atomic} = \sqrt{\frac{1}{2}\left[(\sigma_{xx}-\sigma_{yy})^2+(\sigma_{xx}-\sigma_{zz})^2+(\sigma_{yy}-\sigma_{zz})^2+6(\tau_{xy}^2+\tau_{xz}^2+\tau_{yz}^2)\right]} \quad (2\text{-}10)$$

式中，等号右边的 σ 和 τ 分别表示单个原子所受到的主应力和切应力。对于 177 K 温度下的样品，在应变为 0.095 时，较高的 von Mises 应力主要集中在 β″相内部，铝基体中的应力分布较低且相对均匀，随着应变从 0.105 增加到 0.125，Al/β″的界面顶部开始出现微孔隙，并且微孔隙的体积分数会持续增加[图 2-16（a）]。对于 300 K 温度下的样品，这种微孔隙缺陷出现得更早，也更明显（孔隙体积

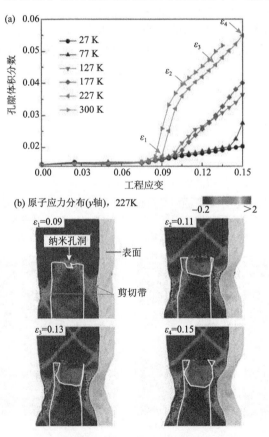

图 2-16　温度影响拉伸变形时孔隙的体积分数

分数更大）。当拉伸应变仅为 0.085 时，样品就已经出现了微孔隙，随后当应变从 0.095 增加到 0.115 时，孔隙的发展较 177 K 温度下样品迅速得多，而且有显著的颈缩行为。另外，从图 2-15（c）和（d）中还可以看到，铝基体中的 von Mises 应力在出现微孔隙之后会降低（颜色明显变暗），但一些靠近 β″相的铝原子一方面向内收缩（样品腰部发生颈缩），另一方面它们的运动又受到 β″相的阻塞，因而这些样品中部的某些局域出现了应力集中。

前面提到，图 2-16（a）给出了孔隙体积分数（void volume fraction，VVF）演化曲线。不同温度下的曲线演化方式大不相同，可大致将它们分为 3 组：27 K 和 77 K 的样品为第 1 组，整个过程中总体孔隙体积分数较低，127 K 和 177 K 的样品为第 2 组，孔隙体积分数水平在所有样品中居中，227 K 和 300 K 的样品为第 3 组，它们的孔隙体积分数增长点出现较早，而且增长速率也是 3 组中最快的。以 300 K 的拉伸样品为例，在其孔隙体积分数演化曲线上取 4 个点[对应的应变与图 2-15（d）中一致]，得到图 2-16（b）所示的原子应变分布局部放大图，此图同时给出了原子应变分布和孔隙包围区域的演化情况。这里同样进行了切片（slice）处理，图 2-16（b）中的图片均为纵向剖面图。浅灰色的自由表面代表 x 方向的边界，用以展示颈缩现象，从图中可以看到，拉伸应变越大，样品向内收缩变形也越明显。深灰色曲面包围的区域就是孔隙，其周围遍布着较高原子应变（沿 y 轴）的原子。另外，显而易见的是颈缩区域原子的应变普遍较高，在应变 $\varepsilon=0.085$ 时，样品左右两侧开始形成 45 和 135 的高原子应变带，随着应变的增长，ε 从 0.095 增加到 0.115，这两条高原子应变带也一直无法传播到 β″相内部，换言之，β″相可以增强样品抵抗变形的能力，但是这种增益却因温度效应而被削弱。这也就是为什么温度越高样品的力学性能越低。

为了量化温度对铝镁硅合金样品位错活动的影响，采用位错提取算法统计了样品位错密度的变化规律（图 2-17）。图 2-17 给出了 6 个温度下的总位错密度、Shockley 不全位错密度和全位错密度结果。图中直观地表明深冷环境会在一定程度上促进位错密度的增加，从而提升位错强化的效果。从图 2-17（a）中可以看出，$T=27$ K 时，样品总位错密度从应变 $\varepsilon=0.064$ 之后开始增加，其他温度下的位错密度则从 $\varepsilon=0.08$ 之后才开始出现增加。随着温度依次升高，总位错密度的峰值分别为 3.236×10^{16} m^{-2}、2.466×10^{16} m^{-2}、1.654×10^{16} m^{-2}、1.995×10^{16} m^{-2}、1.836×10^{16} m^{-2} 以及 1.345×10^{16} m^{-2}，这一指标的变化趋势大致是随着温度升高而下降的。另外，对比图 2-17（b）和（c），整个拉伸过程，Shockley 不全位错密度能达到的水平高于全位错密度的水平。同时，观察不同温度下 Shockley 不全位错密度发现，温度越低，越利于 Shockley 不全位错的增加，同时意味着产生了更多的层错，进而实现材料强韧性同步提高。

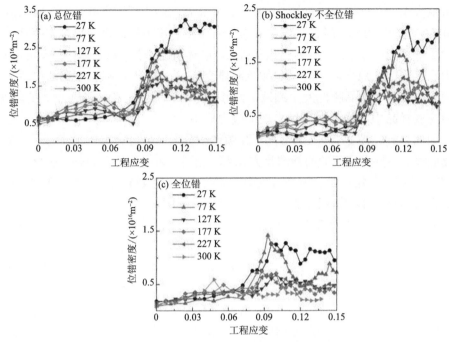

图 2-17　不同温度下的位错密度变化规律

2.2　铜合金材料在深冷与室温环境下力学性能变化

　　纯铜作为常见且价格相对低廉的金属,具有良好的导电性能和加工性能,因此在微电子、电器、能源等领域得到广泛的应用。为了不考虑沉淀物和析出相等因素的影响,选取厚度分别为 1 mm、0.5 mm、0.3 mm 的高纯无氧铜板作为实验材料。采用异步轧制加工成形方式制备不同厚度的材料,综合比较力学性能的变化。异步轧制异速比(RUDV)设为 1.3,每道次相对压下率 30%,并随时测量轧制后的样品厚度。然后,采用室温拉伸和深冷拉伸对轧制后的带材进行单轴拉伸实验研究[9]。轧制后的铜箔沿着轧制方向进行电火花线切割,切成"狗骨"样品以便进行拉伸实验。

　　室温环境中的力学性能变化在前文已经详细描述,在本节中主要介绍室温轧制后的铜箔在-100℃温度环境和室温环境中的力学性能变化。为了更加明显地对比两种温度拉伸力学性能的不同,以初始厚度为 1 mm 的铜板经异步轧制得到不同厚度的铜箔为样品,在室温和-100℃下进行拉伸,其工程应力-应变曲线如图 2-18 所示。从图 2-18 中可以明显地看出,深冷拉伸的极限抗拉强度更高,并且延伸率也比室温拉伸高。当厚度为 0.162 mm 时,深冷拉伸的极限抗拉强度达到 413 MPa,继续变形之后,强度增加到 429 MPa,没有出现下降的趋势。

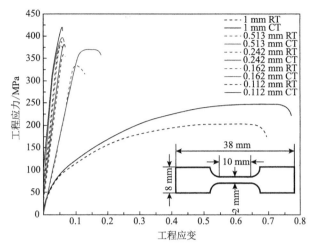

图 2-18　初始厚度为 1mm 铜箔轧制后样品的室温拉伸和深冷拉伸的工程应力-应变曲线

从图 2-19 可以看出,在深冷拉伸时,铜箔的极限抗拉强度随着厚度的减小(轧制压下率增大)而一直增加,即"越薄越强",并没有出现下降的趋势,表现出与室温拉伸不同的力学性能变化规律。对于三种初始厚度不同的铜箔,这种规律都相同,说明室温拉伸和深冷拉伸所得的性能变化规律与铜箔的初始厚度无关。

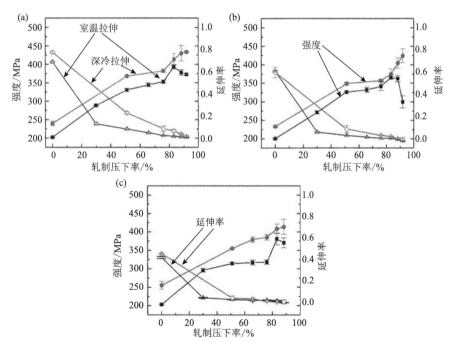

图 2-19　轧制样品在室温拉伸和深冷拉伸的极限抗拉强度和延伸率对比:
初始厚度为 1 mm (a); 0.5 mm (b); 0.3 mm (c)

值得强调的一点是，样品的延伸率随着轧制压下率的增加而逐步降低，但是，深冷拉伸的延伸率总是大于室温拉伸。与此同时，深冷拉伸的极限抗拉强度也大于相同变形量下室温拉伸的极限抗拉强度。

断口是判断材料断裂失效的关键依据，能够通过断口对样品的变形进程和断裂机制进行分析判断，研究影响断裂的因素，所以使用 TESCAN MIRA3 LMU 场发射扫描电子显微镜（SEM）对室温拉伸和深冷拉伸后不同厚度铜箔的断口形貌进行观察，加速电压为 20 kV。从图 2-20 中的断裂形态可以明显看出，不同厚度的铜箔在深冷环境中和室温环境中发生了韧性断裂。图 2-20（a）和（b）分别为厚度为 0.162 mm 和 0.112 mm 的室温拉伸样品的断口形貌。在图 2-20（a）中，厚度为 0.162 mm 的铝箔断口呈锥形，中间高，两侧有一个斜面。然而，当变形进一步增加时，如图 2-20（b）所示，断口为大量滑移变形引起的颈缩形成的尖楔状，侧面存在方向平行的滑移台阶，断裂方式为剪切断裂。然而，深冷拉伸样品的断口表面却有许多有规则排列的韧窝，如图 2-20（c）和（d）所示，在两侧的楔形表面有不规则的滑动和碎裂花样，断裂方式为韧窝-微孔洞聚集断裂。一般情况下，断面收缩率（z）可由下式计算：

$$z = \frac{A_0 - A_f}{A_0} \tag{2-11}$$

式中，A_0 为拉伸实验前的截面积；A_f 为拉伸后的断口面积。所以，通过式（2-11）计算得，厚度为 0.162 mm 的铜箔在室温拉伸时的断面收缩率为 9.9%，在深冷拉伸时为 11.9%。同样，对于厚度为 0.112 mm 的样品，室温拉伸的断面收缩率为 9.0%，而在深冷拉伸时为 10.6%，所以深冷拉伸的塑性更好。

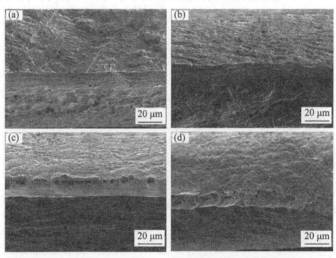

图 2-20　厚度为 0.162 mm（a）、0.112 mm（b）的室温拉伸和厚度为 0.162 mm（c）、
0.112 mm（d）的深冷拉伸样品断口的 SEM 图像

图 2-21 为轧制前退火样品的金相图片，从图中可以看出，初始态的铜板晶粒较大，呈类似于六边形的等轴晶状，并且存在大量的退火孪晶，通过截线法测量统计得平均晶粒尺寸约为 45 μm。

图 2-21　初始厚度 1 mm 纯铜的金相图片

图 2-22 为初始厚度为 1 mm 铜板在异步轧制不同道次后不同厚度铜箔的 TEM 图像。从中可以明显看出铜箔在轧制变形中组织随变形量变化的规律，轧制态的铜箔组织结构中晶粒明显沿轧制方向拉长，最后铜箔的组织呈纤维状沿着轧制方向分布，在不同道次轧制后，样品的晶粒也逐步细化。在 50%变形时，晶粒沿轧制方向呈现出细长型趋势[图 2-22（a）]。材料内部的位错在变形过程中互相堆积形成位错墙，如图 2-22（a）中箭头所示。图 2-22（b）表明随着轧制压下率的增大，部分位错发生了滑移和缠结，如图 2-22（b）中箭头所示。由图 2-22（c）可知，由于晶界的阻碍作用，位错在晶界处连续堆积。显然，0.162 mm 厚样品的位错密度高于 0.224 mm 厚样品。随着总变形量的增加，位错源开始起作用，新的位错胞形成，如图 2-22（d）中箭头所示。需要强调的是在厚度 0.112 mm 时位错密度减小。由此可以推断，自由表面的比例随着厚度的减小而增加，使得位错更容易滑移出表面，导致位错密度减小，从而影响材料的强度。使用截线法对以上 TEM 图像进行测量，经过统计得出相应厚度样品的晶粒分布图。图 2-22（e）为 50%变形样品的晶粒尺寸分布，平均晶粒尺寸约为 614 nm。再经过两个轧制道次，平均晶粒尺寸减小到 298 nm[图 2-22（f）]。同样，如图 2-22（g）所示，当变形量达到 83%时，晶界的间距进一步减小，测量的平均晶粒尺寸为 188 nm。再经过一个轧制道次，晶粒进一步细化，平均晶粒尺寸减小到 134 nm[图 2-22（h）]，此时晶体结构中存在一些松散的位错。

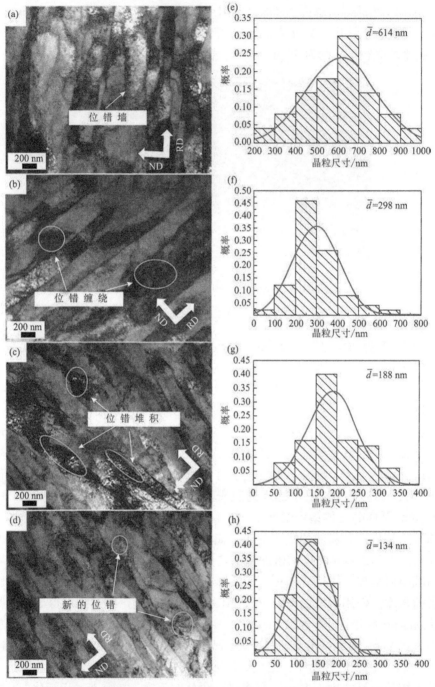

图 2-22　不同厚度样品的 TEM 图像及其晶粒分布图片：（a，e）0.513 mm；（b，f）
0.224 mm；（c，g）0.162 mm；（d，h）0.112 mm

表 2-4 列出了不同轧制道次下样品沿厚度方向的晶粒数。两道次轧制后的铜箔在样品厚度方向上有超过 800 个晶粒（约为初始状态的 40 倍），表明铜带材发生了明显的扭曲和滑移变形。在变形加工过程中，退火的初始铜板组织发生了变化，形成多层结构。此外，随着轧制变形量的增加，沿厚度方向的晶粒数变化不大（表2-4），这意味着进一步减小样品的厚度（共 6 道次）并没有导致层数的增加，只是使材料的自由表面所占比例有所提高。

表 2-4　不同道次轧制后沿厚度方向上的晶粒数

样品厚度/μm	晶粒尺寸/nm	沿厚度方向晶粒数
1003	45000	22
513	614	836
242	298	812
162	188	862
112	134	836

对室温拉伸和深冷拉伸后的样品进行 X 射线衍射分析，截取样品尺寸为 10 mm×15 mm，长度方向平行于轧制方向。为保证样品表面平整，依次选用#1000、#1500、#2000 砂纸进行打磨，之后进行简单抛光至无明显划痕即可。然后使用 D8 ADVANCE Davinci 的 X 射线衍射分析仪对轧制后的铜箔晶体结构进行分析，扫描时采用 Cu 靶，扫描角度范围为 30°～100°，扫描步长为 0.02°，扫描速率为 2°/min，实验功率为 1.6 kW，入射波长 λ 为 0.15406 nm。之后使用 Jade 软件对结构进行处理，并通过公式计算出每个样品的位错密度。轧制后的不同厚度纯铜样品在室温拉伸和深冷拉伸后的 X 射线衍射图如图 2-23 所示。从图中可以看出，

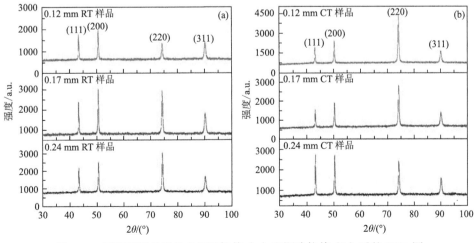

图 2-23　不同厚度的样品在室温拉伸（a）和深冷拉伸（b）后的 XRD 图

剧烈塑性变形之后的样品组织中没有出现新的衍射峰，这也表明样品在室温拉伸和深冷拉伸过程中没有发生相变，没有新相生成。从图 2-23（a）可以看出，厚度为 0.17 mm 的样品在室温拉伸时，（111）晶面、（200）晶面和（220）晶面的衍射强度升高，说明样品出现了强织构。随后，厚度为 0.12 mm 的样品在这些晶面上的衍射强度有所降低，织构弱化，也导致强度的降低。而从图 2-23（b）中可以看出，随着样品厚度的减小，在深冷拉伸时，（220）晶面衍射峰明显增高，表明衍射强度逐渐升高，而在（111）和（200）晶面上的衍射强度有所下降，表明在（220）面出现了择优取向以及明显的织构，这也是强度升高的原因之一。

　　位错密度是影响材料力学性能变化的重要因素，为了对室温拉伸和深冷拉伸后不同力学性能变化现象进行解释，我们选取在室温拉伸极限抗拉强度最大值附近的样品进行位错密度计算。通过 Jade 软件，应用式（2-3）～式（2-5）计算出不同厚度样品拉伸后的微应变、平均晶粒尺寸和位错密度。表 2-5 列出了 0.112 mm、0.162 mm 和 0.224 mm 厚度的铜箔样品经过室温拉伸和深冷拉伸后的微应变、晶粒尺寸以及位错密度。通过表 2-5 可以看出，对于室温拉伸样品，其位错密度在厚度为 0.162 mm 时达到最大值 1.6×10^{14} m^{-2}，然后随着进一步轧制变形至 0.112 mm，其位错密度减小到 1.2×10^{14} m^{-2}。而在深冷拉伸时，其位错密度随着厚度的减小持续增大，在厚度为 0.112 mm 时位错密度增大至 2.8×10^{14} m^{-2}。通过以上分析可知，位错密度的变化和极限抗拉强度的变化成正比。

表 2-5　不同厚度铜箔样品在室温环境中和深冷环境中拉伸下的微应变、晶粒尺寸和位错密度

拉伸样品/mm	微应变/（$\times 10^{-3}$）	晶粒尺寸/nm	位错密度/m^{-2}
1（初始样品）	0.64 ± 0.011	45000	1.9×10^{12}
0.224 RT	1.56 ± 0.111	298	0.7×10^{14}
0.162 RT	2.25 ± 0.027	188	1.6×10^{14}
0.112 RT	1.21 ± 0.108	134	1.2×10^{14}
0.224 CT	2.12 ± 0.107	262	1.1×10^{14}
0.162 CT	2.47 ± 0.153	170	1.9×10^{14}
0.112 CT	2.66 ± 0.166	128	2.8×10^{14}

　　在室温拉伸的第一阶段，其极限抗拉强度随着样品厚度的减小而增大，这是细晶强化和位错强化共同作用的结果。对室温拉伸后的样品进行详细分析，如图 2-24（a）所示，通过 TEM 观察到轧制样品中大部分晶界呈波浪状，界限不清楚，这些晶界主要由于存在外部界面缺陷而处于非平衡状态，由表 2-5 可知，此时的位错密度为 0.7×10^{14} m^{-2}。而当变形量达到 83% 时，此时的极限抗拉强度最大

为 393 MPa，位错密度也达到最大值 1.6×10^{14} m^{-2}，这是因为在轧制变形的初期，主要由位错滑移诱导塑性变形，位错受到的阻碍较小，且能够快速增殖，然而随着轧制道次的增加，为了协调各晶粒之间的变形和防止晶界附近裂纹的产生，每个晶粒都经过多重滑移过程，即在晶界附近不止一处滑移系，这就导致了位错滑移至晶界附近堆积，从而形成高密度位错，如图 2-24（b）所示。

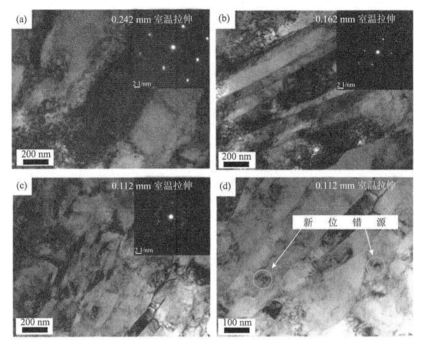

图 2-24　室温拉伸后不同厚度铜箔的 TEM 图像：（a）0.224 mm；（b）0.162 mm；
（c，d）0.112 mm

在室温拉伸第二阶段，随着轧制变形量的增加，晶粒尺寸继续减小。然而，铜箔的极限抗拉强度却呈现下降的趋势，其原因可以分为以下两个方面：一是位错密度的变化，即 0.112 mm 厚铜箔样品的位错密度减小到 1.2×10^{14} m^{-2}，这是由于随着应变量的增加，材料内部的位错互相交割，此时的变形机制从单滑移转变为多滑移，位错之间的交割也会阻碍位错的运动。在轧制的极薄样品中，变形层晶粒变薄，晶粒中的位错数量逐渐饱和，晶界比明显提高，当符号相反的位错同时移动至晶界上时，位错互相湮灭，导致密度降低。此外，由于自由表面所占比例进一步增大，表层晶粒位错的运动比其内部晶粒受到的位错运动阻碍作用小，所以在变形过程中，表层位错所受的约束较少，更容易逃逸出自由表面，这也是导致位错密度降低的原因之一。二是更大的轧制变形激发新的位错源，从而形成新的位错胞，如图 2-24（d）所示，这将大大降低材料抵抗塑性变形的能力，使拉伸过程中更容易发生变形，所以导致极限抗拉强度降低。当厚度为 0.162 mm 时，样品的晶界清晰可见[图 2-24（b）]，而当厚度为 0.112 mm 时，随着拉伸变形，样品的晶界逐渐模糊甚至消失[图 2-24（c）]，这也极大地降低了对位错的阻碍作用。因此，我们认为新的位错源是室温拉伸时极限抗拉强度下降的主要原因。

与室温的结果相反，样品在深冷拉伸的极限抗拉强度没有随着厚度的减小而降低，而是持续升高。这也可以用两个因素来解释：首先，低温可以抑制位错的滑移运动，同时也能够促使铜在变形中生成孪晶，因此在深冷拉伸时位错的运动不如在室温拉伸时强烈，这也减少了在晶界附近相反符号位错的湮灭；其次，铜箔在深冷环境中变形困难，使其抵抗变形的能力增强，特别是暴露在液氮中的表面部分，类似于在铜箔的表面形成一层"钝化层"，与自由表面不同的是，这层"钝化膜"可以阻止位错从表面滑移出去，从而使材料内部保持高密度位错。

根据之前计算出的位错密度，可以通过公式计算出位错强化对于强度的贡献，计算公式如下：

$$\sigma_{dis} = M\alpha Gb\sqrt{\rho} \qquad (2\text{-}12)$$

式中，M 为泰勒因子（对于面心立方结构晶体，M=3）；α 为一个常数（0.224）；G 为剪切模量（对于纯铜，G=45 GPa）；b 为伯氏矢量（0.256 nm）；ρ 为位错密度。结果如表 2-6 所示，室温拉伸时，厚度为 0.162 mm 的铜箔的位错强化贡献最大，其值为 105.6 MPa，然后下一道次之后，随着位错密度的减小，位错强化贡献降低至 91.6 MPa。而相同厚度的样品深冷拉伸时的位错强化贡献普遍比室温拉伸的贡献高，并且在变形量为 83% 时，其位错强化贡献为 116.3 MPa，继续变形之后，其值升高到 139.1 MPa。

表 2-6　不同条件下不同厚度样品的位错强度贡献

样品厚度	室温拉伸位错强化贡献/MPa	深冷拉伸位错强化贡献/MPa
0.224 mm	69.8	86.8
0.162 mm	105.6	116.3
0.112 mm	91.6	139.1

图 2-25 是深冷拉伸后不同厚度铜箔的 TEM 图像。如图 2-25（b）和（c）所示，铜箔厚度达到 0.162 mm 和 0.112 mm 时，在深冷拉伸后的晶界依然清晰可见。随着轧制变形量的增加，深冷拉伸样品的位错密度并没有像室温拉伸那样降低。由表 2-5 可知，0.112 mm 厚的铜箔在深冷拉伸后的位错密度达到

2.8×10^{14} m^{-2}。因此，在深冷环境中位错强化贡献进一步增强。同时，随着厚度的减小，铜箔表面"钝化层"所占的比例越来越大，所以材料的流变应力也随之增大。钝化层的存在也会阻碍位错在材料表面的运动，从而进一步增加位错密度，促使位错在晶界处堆积和缠结，如图 2-25（d）所示。由文献可知，晶界处位错密度越大，其对 Hall-Petch 效应的影响也就越大，高密度位错的堆积群与位错源相对，背应力随着位错堆积的增加而增加，这使得新的位错源难以启动，即不会出现新的位错源。同时，这也促进了背应力硬化，从而获得优异的力学性能。结果表明，深冷拉伸样品的极限抗拉强度显著提高，并表现出与室温拉伸不同的性能变化规律。

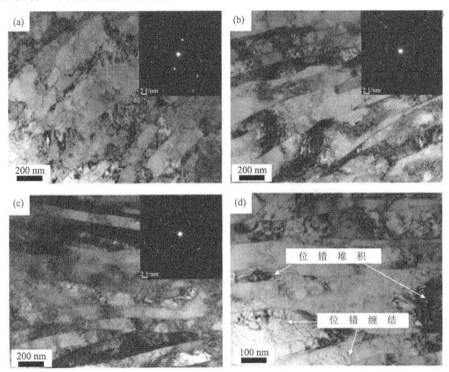

图 2-25 深冷拉伸后不同厚度铜箔的 TEM 图像：（a）0.224 mm；（b）0.162 mm；
（c，d）0.112 mm

2.3 其他金属材料在深冷环境中的力学性能

除了铝合金和铜合金之外，研究人员同时发现深冷环境中钛合金、高熵合金等材料具有优异的力学性能[10]。图 2-26 和图 2-27 分别给出了钛合金[11]和高熵合金材料[12]在室温与深冷环境中的力学性能变化情况。

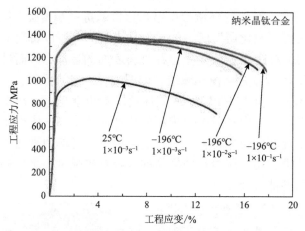

图 2-26　钛合金在室温和深冷环境中拉伸的应力-应变曲线

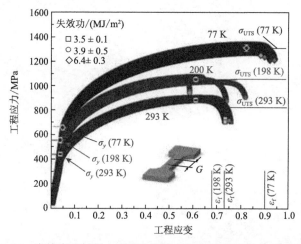

图 2-27　高熵合金材料在室温和深冷环境中拉伸的应力-应变曲线

参 考 文 献

[1] Liu Y, Zhao X S, Li J, Bhatta L, Luo K G, Kong C, Yu H L. Mechanical properties of rolled and aged AA6061 sheets at room-temperature and cryogenic environments. J Alloy Compd, 2021, 860: 158449.

[2] Wei K, Chu Z, Wei W, Du Q, Alexandrow I V, Hu J. Effect of deep cryogenic treatment on microstructure and properties of pure copper processed by equal channel angular pressing. Adv Eng Mater, 2019, 21: 1801372.

[3] Klimova M V, Semenyuk A O, Shaysultanov D G, Salishchev G A, Zherebtsov S V, Stepanov N D. Effect of carbon on cryogenic tensile behavior of CoCrFeMnNi-type high entropy alloys. J Alloy Compd, 2019, 811: 152000.

[4] Wu Z, Bei H, Pharr G M, George E P. Temperature dependence of the mechanical properties of equiatomic solid solution alloys with face-centered cubic crystal structures. Acta Mater, 2014, 81: 428-441.

[5] Xiong H Q, Su L H, Kong C, Yu H L. Development of high-performance of Al alloys via cryo-forming: A review. Adv Eng Mater, 2021, 23: 2001533.

[6] Lei G, Gao H T, Zhang Y, Cui X H, Yu H L. Atomic-level insights on enhanced strength and ductility of Al-Mg-Si alloys with β^2-Mg_5Si_6 at cryogenic temperatures. Trans Nonferr Met Soc China, 2022, https://kns.cnki.net/kcms/details/43.1239.TG.20220830./515.002.html.

[7] Jelinek B, Groh S, Horstemeyer M F, Houze J, Kim S G, Wagner G J, Moitra A, Baskes M I. Modified embedded atom method potential for Al, Si, Mg, Cu, and Fe alloys. Phys Rev B, 2012, 85: 245102.

[8] Cheng Y Q, Cao A J, Ma E. Correlation between the elastic modulus and the intrinsic plastic behavior of metallic glasses: The roles of atomic configuration and alloy composition. Acta Mater, 2009, 57: 3253-3267.

[9] Yu H L, Zhao X S, Kong C. Mechanical properties of rolled copper foils in cryogenic and room-temperature environments. Adv Eng Mater, 2022, 34: 2100830.

[10] 喻海良. 深冷轧制制备高性能金属材料研究进展. 中国机械工程, 2020, 31: 89-99.

[11] Wang Y, Ma E, Valiev R Z, Zhu Y T. Tough nanostructured metals at cryogenic temperatures. Adv Mater, 2004, 16: 328-331.

[12] Gludovatz B, Hohenwarter A, Thurston K V S, Bei H, Wu Z, George E P, Ritchie R O. Exceptional damage-tolerance of a medium-entropy alloy CrCoNi at cryogenic temperatures. Nat Commun, 2016, 7: 10602.

第3章 铝合金材料深冷轧制

由第2章可知，绝大部分铝合金材料在深冷环境中具有比在室温环境中更好的强度与韧性。因而，铝合金材料也是深冷轧制加工的最常采用的材料之一。本章主要介绍了深冷轧制在非时效强化铝合金材料（1XXX和5XXX铝合金）和时效强化铝合金材料（2XXX、6XXX和7XXX铝合金）中的应用。针对非时效强化铝合金材料，主要揭示了深冷轧制实现材料强韧性提升的机制，发现深冷轧制能够强化晶粒细化效果，并且深冷轧制的5083铝合金具有低温超塑性能力。针对时效强化铝合金材料，发现了深冷轧制可以降低时效强化型铝合金的峰值时效时间，且其可以减少难变形铝合金边部裂纹缺陷。

3.1 非时效铝合金深冷轧制

3.1.1 纯铝深冷轧制

深冷轧制能够实现材料晶粒细化[1, 2]。本节将介绍深冷轧制温度对纯铝的晶粒细化行为的影响[2]。采用厚度为1 mm的1060铝合金带材作为原材料。轧制前，1060铝合金带材在673 K下退火2 h。带材经过五个道次的累积叠轧（accumulative roll bonding，ARB）后，再分别通过室温轧制[293 K，也称为冷轧（cold rolling）]和深冷轧制（83 K和173 K，cryorolling）进一步加工至0.2 mm。在这里，定义以下五个加工步骤。第1步：带材退火；第2步：带材经过五道次累积叠轧；第3步：将累积叠轧后的带材再轧两道次（轧制压下率50%），带材的厚度减至0.5 mm；第4步：在第3步的基础上，再进行两次轧制道次，得到厚度为0.3 mm的带材，压下率为70%；第5步：进一步轧制后，将带材轧至0.2 mm，总压下率为80%。图3-1（a）显示了经过五个道次累积叠轧的带材中的微观结构，晶粒沿轧制方向拉长。通常，对于1060铝合金带材，经过五次累积叠轧后晶粒难以细化。但在随后的室温轧制和深冷轧制之后，晶粒变得更细[图3-1（b）～（j）]。此外，与室温轧制相比，深冷轧制的晶粒更加细小。

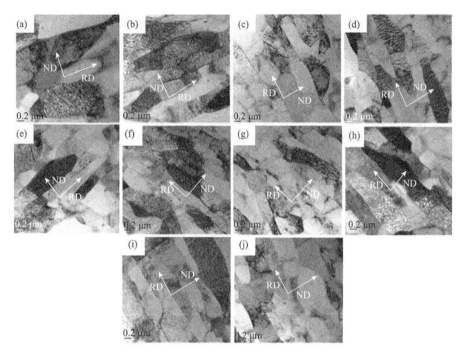

图 3-1　1060 铝合金带材样品微观组织 TEM 图像：（a）五道次累积叠轧；（b）累积叠轧+室温轧制-第 3 步；（c）累积叠轧+室温轧制-第 4 步；（d）累积叠轧+室温轧制-第 5 步；（e）累积叠轧+深冷轧制-173 K-第 3 步；（f）累积叠轧+深冷轧制-173 K-第 4 步；（g）累积叠轧+深冷轧制-173 K-第 5 步；（h）累积叠轧+深冷轧制-83 K-第 3 步；（i）累积叠轧+深冷轧制-83 K-第 4 步；（j）累积叠轧+深冷轧制-83 K-第 5 步

　　经过累积叠轧和随后的室温轧制及深冷轧制的带材的晶粒尺寸分布如图 3-2 所示。五个道次累积叠轧后，平均晶粒尺寸为 666 nm。在随后的轧制过程中，晶粒尺寸随着压下率的增大而逐渐减小。当压下率达到 80%时，室温轧制样品平均晶粒尺寸进一步细化至 346 nm，深冷轧制-173 K 样品为 335 nm，深冷轧制-83 K 样品为 266 nm。当压下率为 80%时，室温轧制样品晶粒尺寸虽然细化，但晶粒尺寸依然大于压下率为 50%的深冷轧制-83 K 样品的平均晶粒尺寸。

　　图 3-3（a）给出了轧制压下率和平均晶粒尺寸之间的关系。深冷轧制时，平均晶粒尺寸随着轧制压下率的增大而线性减小。图 3-3（b）提供了轧制温度和平均晶粒尺寸之间的关系。对于给定的轧制压下率，平均晶粒尺寸随着温度的降低而线性减小。显而易见，在深冷环境下的加工可以显著地促进晶粒细化。

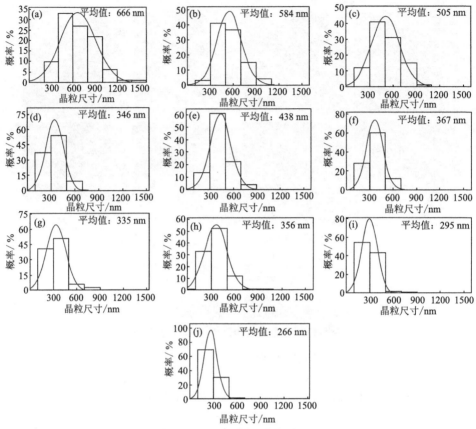

图 3-2　轧制材料晶粒尺寸分布：（a）五道次累积叠轧；（b）累积叠轧+室温轧制-第 3 步；（c）累积叠轧+室温轧制-第 4 步；（d）累积叠轧+室温轧制-第 5 步；（e）累积叠轧+深冷轧制-173 K-第 3 步；（f）累积叠轧+深冷轧制-173 K-第 4 步；（g）累积叠轧+深冷轧制-173 K-第 5 步；（h）累积叠轧+深冷轧制-83 K-第 3 步；（i）累积叠轧+深冷轧制-83 K-第 4 步；（j）累积叠轧+深冷轧制-83 K-第 5 步

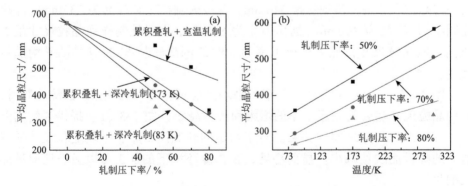

图 3-3　平均晶粒尺寸与轧制压下率（a）、轧制温度（b）的关系

　　1060 铝合金带材的屈服强度和硬度在经过五道次累积叠轧后难以提高。然而，在这项研究中，抗拉强度和显微硬度都随着进一步轧制而增加（图 3-4）。与室温轧制相比，在 83 K 下的深冷轧制导致更高的极限抗拉强度。退火后的抗拉强度和显微硬度仅为 75 MPa 和 28 HV（表示维氏硬度值为 28，余同）。五个道次累积叠轧后，抗拉强度和显微硬度分别为 126 MPa 和 41 HV。当压下率达到 80%时，使用室温轧制时抗拉强度和显微硬度分别增加到 157 MPa 和 49 HV。当压下率达到 80%时，在 83 K 深冷轧制时抗拉强度和显微硬度分别增加到 166 MPa 和 55 HV。采用累积叠轧+深冷轧制，显微硬度提高了近 100%。在随后的轧制过程中，1060 铝合金带材的晶粒尺寸随着轧制压下率和低温温度的降低而减小。在图 3-2 中，经过室温轧制的样品的晶粒尺寸远大于经过深冷轧制的样品，这有助于根据 Hall-Petch 关系提高抗拉强度和显微硬度。此外，在图 3-4（b）和（c）中，在第 4 步中进行 83 K 深冷轧制的样品的抗拉强度和显微硬度达到了 160 MPa 和 52 HV，高于在第 5 步中进行室温轧制的样品。这意味着与室温轧制相比，深冷轧制可以缩短工艺以获得相同的机械性能和晶粒尺寸。

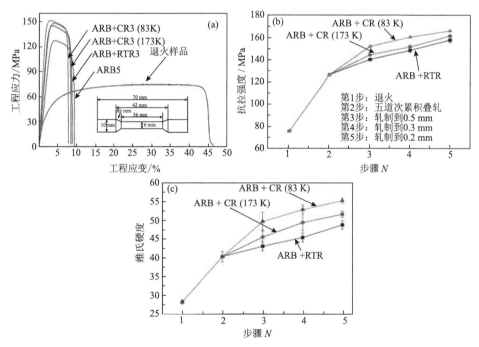

图 3-4　（a）工程应力-应变曲线；（b, c）抗拉强度（b）和硬度（c）与轧制工艺的关系

　　在深冷成形过程中，相对于深冷轧制，深冷异步轧制具有对铝合金材料更强的晶粒细化能力[3]。采用 1.5 mm 的 1050 铝合金带材开展深冷异步轧制过程中异速比的影响研究。轧制前，对材料在 450℃热处理 1 h。深冷异步轧制工艺中异速

比分别采用1.1、1.2、1.3和1.4。通过在每道次轧制前将带材浸入液氮中至少8 min，确保带材被完全冷却到液氮温度。然后，进行深冷异步轧制。经过 7 道次轧制后，带材被轧制至约0.17 mm。图3-5 显示了深冷异步轧制过程后样品的 TEM 图。图 3-5（b）和图 3-5（c）相比，采用轧制异速比为 1.1 的 1050 铝合金的晶粒尺寸比采用轧制异速比为1.4时大很多。当轧制异速比为1.1时，平均晶粒尺寸为360 nm，当轧制异速比为 1.4 时，平均晶粒尺寸被细化至 211 nm。相比于传统异步轧制制备的晶粒尺寸 500 nm，采用深冷异步轧制制备的晶粒尺寸大幅降低。在深冷环境温度下变形，材料的动态回复行为被抑制，进而材料能够聚集更多的位错缺陷。深冷环境下，材料将存在大量的单空位和双空位，它们可作为位错钉扎中心并诱导硬化。

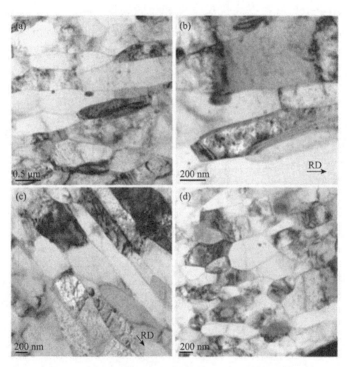

图3-5　深冷异步轧制1050铝合金 TEM 图：（a，b）轧制异速比为1.1；
（c，d）轧制异速比为1.4（RD 表示轧制方向）

图3-6显示了采用深冷异步轧制制备的超细晶1050铝合金带材的力学性能。在图 3-6（b）中，随着轧制异速比（RUDV）的增加，带材的屈服强度和抗拉强度均增加。当轧制异速比为 1.1 时，抗拉强度为 160 MPa，当轧制异速比为 1.4 时，抗拉强度达到 196 MPa，增加22.5%。同时，随着强度的增加，材料的失效应变也略有增加，如图 3-6（c）所示。

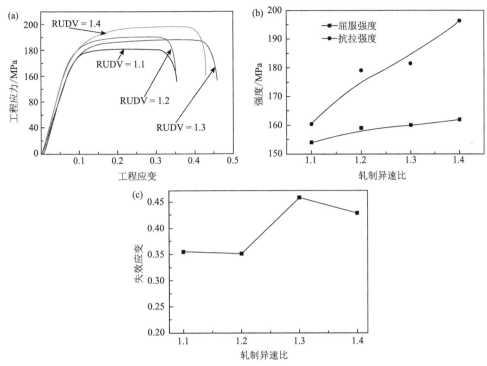

图 3-6　（a）不同轧制异速比下深冷异步轧制 1050 铝合金带材的工程应力-应变曲线；
（b，c）屈服强度、抗拉强度（b）以及失效应变（c）与异速比的关系

3.1.2　铝镁合金深冷轧制

5XXX 铝镁合金因其良好的耐腐蚀性、可成形性、可焊接性和高比强度在工业应用中受到了广泛的关注，其中镁元素在铝基体中有较高的溶解度。此外，由于过饱和铝镁合金的分解率较低，因此大多数铝镁合金表现出单相固溶体基体，几乎没有析出物形成。5083 铝合金作为 5XXX 系铝合金中最重要的合金之一，具备上述优良特性，包括中等强度、良好的加工性能、高疲劳强度等。在组成的合金元素中，不同元素对铝基体本身性能的影响具有一定差异，如铜元素能够减少点蚀，而铬和镁元素可以有效地提高结构强度和耐腐蚀性。5083 铝合金同样属于不可热处理强化铝合金，也就是说，在这种铝合金中不会发生沉淀硬化，主要的强化机制是应变硬化，一般通过大塑性变形可以实现强度的大幅提升。

分别采用室温轧制、异步轧制、深冷轧制和深冷异步轧制制备超细晶 5083 铝合金带材[4]。使用 1 mm 厚的 5083 铝合金带材，分别进行室温轧制、异步轧制、深冷轧制和深冷异步轧制。对于异步轧制和深冷异步轧制，上辊和下辊之间的轧制异速比为 1.4。对于深冷轧制和深冷异步轧制，均采用液氮进行冷却。经过多道次轧制，获得厚度为 0.6 mm、0.4 mm 和 0.2 mm 的带材。图 3-7 显示了不同状态下材

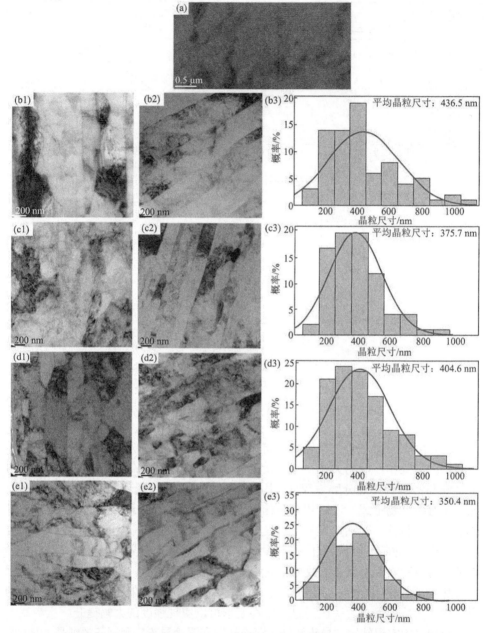

图 3-7 不同状态下 5083 铝合金带材的 TEM 图像及晶粒尺寸分布：（a）退火材料；（b1，b2）在第一道次和第三道次室温轧制后样品，（b3）第三道次室温轧制后的晶粒尺寸分布；（c1，c2）在第一道次和第三道次异步轧制后样品，（c3）第三道次异步轧制后的晶粒尺寸分布；（d1，d2）在第一道次和第三道次深冷轧制后样品，（d3）第三道次深冷轧制后的晶粒尺寸分布；（e1，e2）第一道次和第三道次深冷异步轧制后样品，（e3）第三道次深冷异步轧制后的晶粒尺寸分布

料的微观组织结构。图 3-7（a）为退火后材料的微观组织特征。图 3-7（b1）和（b2）示出了在第一道次和第三道次后使用室温轧制生产的带材的微观结构。随着轧制道次的增加，粗晶粒逐渐细化。图 3-7（b3）示出了第三道次室温轧制后的晶粒尺寸分布，平均晶粒尺寸为 436.5 nm。图 3-7（c1）和（c2）示出了在第一道次和第三道次异步轧制生产的带材的微视结构，材料的晶粒尺寸都小于图 3-7（b）所示的材料晶粒尺寸。在第三道次异步轧制后，平均晶粒尺寸已经细化到 375.7 nm，如图 3-7（c3）所示。图 3-7（d1）和（d2）示出了在第一道次和第三道次深冷轧制生产的带材的微观结构。如图 3-7（d3）所示，深冷轧制后的平均晶粒尺寸比常规室温轧制后的晶粒尺寸小得多，但比异步轧制材料的晶粒尺寸稍大。图 3-7（e1）和（e2）显示了使用深冷异步轧制生产的带材的微观结构。在第三道次深冷异步轧制后，获得平均晶粒尺寸为 350.4 nm 的材料，其平均晶粒尺寸比其他三种方法均小很多。

图 3-8 显示了轧制带材的力学性能。图 3-8（a）显示了室温轧制样品和深冷异步轧制样品的工程应力-应变曲线。可以看出，在拉伸实验过程中会发生锯齿状变形。Lüders 应变是细晶铝镁合金的基本特征。这主要是因为动态应变-时效效应，可移动镁溶质原子和位错之间的相互作用。与粗晶粒和未变形的样品的变形行为相反，锯齿状启动的临界应变随着应变量的增加而显著增加。图 3-8（b）显示了上述四种轧制方法的抗拉强度变化规律。随着轧制道次的增加，带材的抗拉强度增加。此外，使用深冷轧制和异步轧制生产的样品的抗拉强度具有相似的值，高于使用室温轧制生产的样品，但低于使用深冷异步轧制生产的样品。图 3-8（c）显示样品硬度的变化具有与强度相似的变化趋势。随着晶粒细化，样品的硬度增加。通常对于金属，屈服应力大约是硬度的三倍。深冷变形可实现材料具有更高的位错密度，并可以有效抑制材料的动态回复行为。在图 3-7 中，通过深冷轧制生产的带材的平均晶粒尺寸是 404.6 nm，室温轧制的平均晶粒尺寸是 436.5 nm，而使用深冷异步轧制生产的带材的平均粒度为 350.4 nm。根据 Hall-Petch 关系，由于使用深冷异步轧制生产的带材的平均晶粒尺寸最小，硬度、屈服强度和抗拉强度高于使用其他三种工艺生产的带材。图 3-8（d）示出了各种工艺制备的带材的均匀延伸率。带材的均匀延伸率已被广泛用于分析超细晶带材/箔的延展性。随着轧制道次的增加，对于四种轧制技术，带材的延展性均降低。同时，使用深冷轧制生产的样品具有最高的均匀延伸率，而使用异步轧制生产的样品具有最低的均匀延伸率。同样，深冷轧制产生的均匀延伸率比室温轧制产生的均匀延伸率高，而深冷异步轧制产生的均匀延伸率比异步轧制产生的均匀延伸率高。这意味着在深冷下变形的铝镁合金的延展性高于在室温下变形的材料。

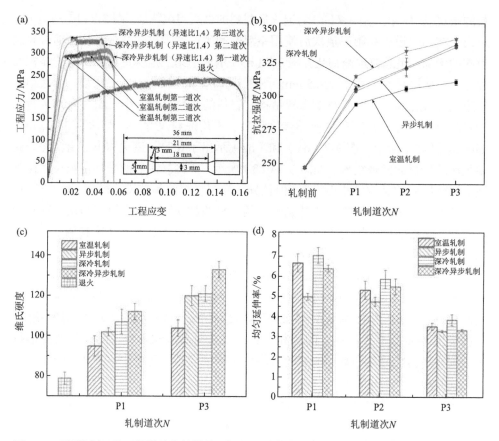

图 3-8　不同轧制工艺下带材的机械性能:(a)工程应变与工程应力的关系;(b)抗拉强度与
轧制道次的关系;(c)硬度与轧制道次的关系;(d)均匀延伸率与轧制道次的关系

　　图 3-9 显示了拉伸断口表面的扫描电镜图像。随着轧制道次的增加,断口上的韧窝逐渐减少并变浅。这意味着延展性随着平均晶粒尺寸的减小而降低。在图 3-9(a3)～(d3)中,显示了在一些位置发生了解理断裂。此外,与室温轧制样品相比,深冷轧制样品断裂表面上的韧窝更深且数量更多。类似地,与异步轧制的样品相比,深冷异步轧制的样品断裂表面上的韧窝更深且数量更多。进而,验证了深冷环境轧制制备的 5083 铝合金材料具有更高的延展性。

　　进一步对 5083 铝合金材料进行不同温度的深冷轧制研究[5]。采用 4 mm 厚度的 5083 铝合金带材进行研究。轧制前,对材料在 803 K 温度下保温 2 h,然后进行水冷淬火。带材在 83 K、173 K 和 298 K 下轧制到初始厚度的 10%,带材的最终厚度为 0.4 mm。在深冷轧制之前,样品在以液氮为制冷剂的深冷箱中冷却 30 min,然后在随后的深冷轧制道次中间分别冷却 5 min。深冷箱具有稳定的温度控制能力,温度误差为±1 K。

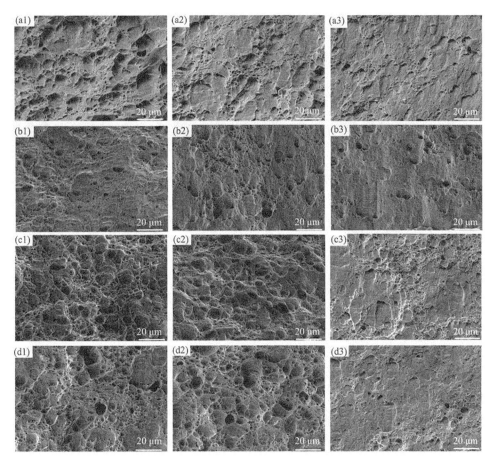

图 3-9　拉伸样品断口形貌。室温轧制：（a1）第一道次，（a2）第二道次，（a3）第三道次；异步轧制：（b1）第一道次，（b2）第二道次，（b3）第三道次；深冷轧制：（c1）第一道次，（c2）第二道次，（c3）第三道次；深冷异步轧制：（d1）第一道次，（d2）第二道次，（d3）第三道次

图 3-10（a）～（c）显示了不同温度下轧制 5083 铝合金带材的微观结构。对于室温轧制样品 [图 3-10（a）]，可以观察到小的位错缠结，位错密度低。对于深冷轧制样品，位错密度显著增加，具有许多位错包和位错缠结 [图 3-10（b）和（c）]。图 3-10（d）和（e）给出了 5083 铝合金中第二相及其附近的微观组织形态。如图 3-10（d）所示，轧制结束后，$Al_6(Fe, Mn)$ 相的直径约为 1.4 μm。采用 173 K 深冷轧制时，该直径减小到约 0.7 μm，如图 3-10（e）所示。与图 3-10（d）和（e）所示的 $Al_6(Fe, Mn)$ 相相比，图 3-10（f）所示的相尺寸比较小，且相的数量更多，相周围的位错密度较低。

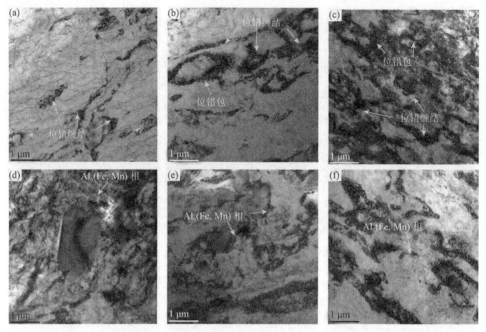

图 3-10　5083 铝合金轧制后微观组织 TEM 图像：（a, d）298 K；（b, e）173 K；
（c, f）83 K

在 MTS Landmark 高温试验机上以 $1\times10^{-4}\sim1\times10^{-1}$ s^{-1} 的应变速率范围在 748 K 下进行高温拉伸实验。沿轧制方向对带材进行加工并制备出标距为 20 mm、宽度为 3 mm 的狗骨形拉伸样品。负载轴保持平行于轧制方向。在进行高温拉伸实验之前，样品在 748 K 下保持 5 min。在整个测试过程中温度保持恒定。图 3-11（a）～（c）描绘了材料在各种变形条件下的真应力-真应变曲线。随应变速率增加，峰值应力增加。在应变硬化阶段之后，随着应变的增加，应力逐渐减小。具有较高峰值应力的样品表现出较快的软化速率。当应变速率从 1×10^{-3} s^{-1} 到 1×10^{-4} s^{-1} 时，它表现出动态软化特性。流变应力在应变硬化阶段后开始稳定。在该应变速率范围内，真应变的最大值较高。83 K 深冷轧制样品比 173 K 深冷轧制样品和室温轧制样品表现出更高的真应变。图 3-11（d）显示了 5083 铝合金在各种变形条件下的断裂延伸率。对于 83 K 深冷轧制样品，随着应变速率的增加，断裂延伸率初始增加，随后减少。在 1×10^{-3} s^{-1} 时，断裂延伸率的最大值达到 150%。然而，对于 173 K 深冷轧制样品和室温轧制样品，随着应变速率的增加，断裂延伸率值单调降低。对于 173 K 深冷轧制样品，在 1×10^{-4} s^{-1} 时，断裂延伸率为 92%。同样，室温轧制样品在 1×10^{-4} s^{-1} 时表现出 80% 的断裂延伸率。总体而言，在所有应变速率下，83 K 深冷轧制样品的断裂延伸率均优于 173 K 深冷轧制样品和室温轧制样品。

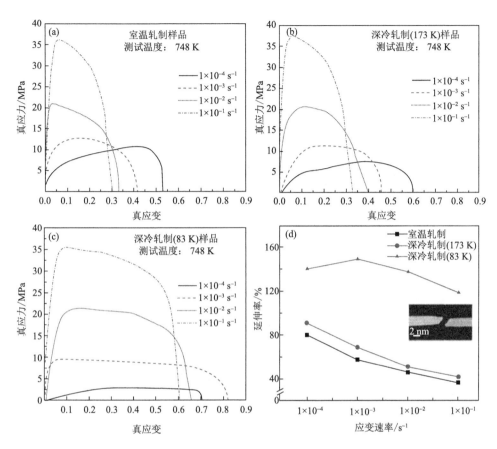

图 3-11　（a～c）轧制 5083 铝合金样品高温拉伸力学性能：（a）室温轧制样品，（b）173 K 深
　　　冷轧制样品，（c）83 K 深冷轧制样品；（d）断裂延伸率与应变速率的变化关系

　　图 3-12 显示了 5083 铝合金样品高温拉伸后的断口形貌。图 3-12（a）～（c）
显示了室温轧制、173K 和 83 K 深冷轧制通过高温拉伸实验获得的最大延伸率样品
的断口形貌，低倍图如右侧图所示。图 3-12（a）显示了室温轧制样品在 1×10^{-4} s^{-1}
应变速率下的断口形貌。图中可以看到撕裂的边缘、一些微小的颗粒和突出的
孔洞。室温轧制样品的断裂主要是由于高温拉伸实验中空腔的形核、生长和聚
集。在以 1×10^{-4} s^{-1} 应变速率拉伸测试的 173 K 深冷轧制样品的断裂表面形态中
［图 3-12（b）］可以看到撕裂边缘和孔洞。在断口表面观察到一些微小的颗粒以
及细丝。图 3-12（c）显示了 83 K 深冷轧制样品在 1×10^{-3} s^{-1} 应变速率下的拉伸断
口形貌，与图 3-12（a）和（b）中观察到的表面相比，该样品断面上观察到更多
的微小颗粒和更少的撕裂边缘；此外，没有观察到细丝。如图 3-12（d）所示，
83 K 深冷轧制样品在 1×10^{-4} s^{-1} 应变速率下的断裂面上存在许多细丝，这些细丝

的长度小于 10 μm。室温轧制样品的断裂表面上不存在细丝。细丝的存在间接表明晶界滑动的存在，这有利于提升材料的高温延伸率。

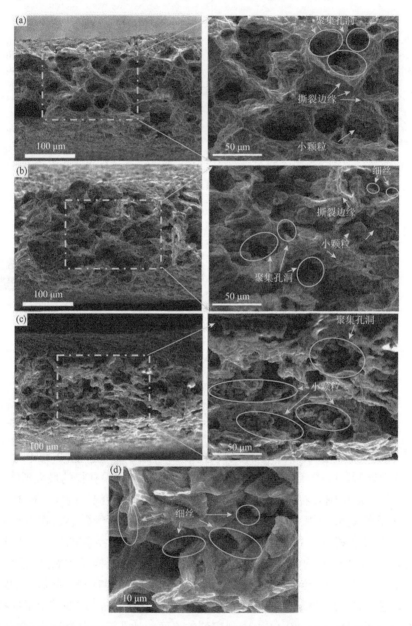

图 3-12　高温拉伸断口形貌：（a）室温轧制样品在应变速率 $1 \times 10^{-4}\ s^{-1}$ 下拉伸；（b）173 K 深冷轧制样品在应变速率 $1 \times 10^{-4}\ s^{-1}$ 下拉伸；（c）83 K 深冷轧制样品在应变速率 $1 \times 10^{-3}\ s^{-1}$ 下拉伸；（d）83 K 深冷轧制样品在应变速率 $1 \times 10^{-4}\ s^{-1}$ 下拉伸

如图 3-11 所示, 83 K 深冷轧制 5083 铝合金材料的断裂延伸率远高于 173 K 深冷轧制带材和室温轧制带材的断裂延伸率。应变速率敏感系数（m）是描述高温下拉伸变形性能的重要参数[6]。该参数可用于表征合金对颈缩扩展的抵抗力。m 数值的大小（$m = \dfrac{\partial \lg \sigma}{\partial \lg \varepsilon}\Big|_T$）反映了材料失效延伸率的变化情况。图 3-13（a）所示为真应变为 0.2 时 $\ln\sigma$-$\ln\varepsilon$ 的曲线图。83 K 深冷轧制样品的 m 值最大（m 为 0.36），这表明颈缩的转移和扩散是优选的。一般来说，m 值越大，延展性越高，表明塑性变形越稳定均匀，因此，颈缩扩散能力提高。m 值高于 0.3 时意味着材料具有一定的超塑性变形能力。83 K 深冷轧制样品表现出的高 m 值和断裂延伸率值表明材料具有超塑性特性。83 K 深冷轧制样品的 m 值在接近高断裂延伸率的中间应变速率区域达到最大值。m 值在越来越慢的应变速率条件下减小。相反，173 K 深冷轧制样品和室温轧制样品的 m 值随着应变速率的增加而降低。从 m 值与变形机制的关系来看，晶界滑动机制和位错滑移机制是 5083 铝合金带材高温拉伸实验的主要影响因素。对于 173 K 深冷轧制和室温轧制样品，在最低应变速率条件下观察到最大延伸率。对于 83 K 深冷轧制样品，在中等应变速率下观察到最大延伸率。随着轧制温度的升高，样品获得最大延伸率需要的应变速率向较低的区域移动。图 3-13（b）描述了流变应力与应变速率相关的变化。83 K 深冷轧制样品的流变应力在 1×10^{-3}～1×10^{-4} s^{-1} 的应变速率范围内最低，整体曲线为典型的 S 形曲线，呈现出鲜明的超塑性特征。此外，随着应变速率的增加，观察到流变应力的增加。然而，对于 173 K 深冷轧制和室温轧制样品，流变应力和应变速率之间的关系不是 S 形的。

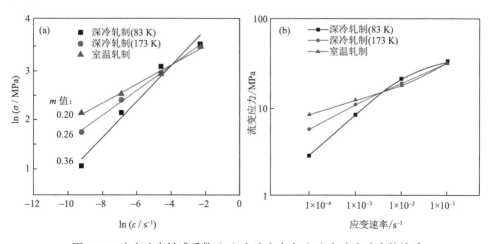

图 3-13   应变速率敏感系数（a）和流变应力（b）与应变速率的关系

3.2　时效铝合金深冷轧制

可热处理强化的变形铝合金是由 2XXX、6XXX 和 7XXX 系组成的，它们均可以通过时效处理提高力学性能。本节主要介绍深冷轧制在上述三种铝合金中的应用。

3.2.1　深冷轧制铝锂合金微观组织与性能调控

铝锂合金具有较高的强度和刚度、优良的耐低温性能和耐腐蚀性等。2XXX 铝锂合金作为航空航天和卫星用典型高强轻质材料，一直是众多学者研究的热点。轧制作为高强铝锂合金板带加工中不可或缺的重要一环，深入探究轧制参数对铝锂合金成形质量和各方面性能的影响机制有非常重要的意义。轧制温度是轧制工艺中一个非常重要的参数，众多铝合金材料在深冷温度下轧制后都表现出很好的机械性能。研究铝锂合金材料深冷轧制过程中微观组织结构和力学性能演变有望解决铝锂合金塑性较低等问题[7]。

采用 2 mm 的第三代 2060 铝锂合金带材展开轧制实验，材料的化学成分为 Cu-3.75-Li-1.07-Mg-0.52-Zn-0.4-Mn-0.3-Ag-0.25-Zr-0.12-Al-Bal。详细的轧制规程如图 3-14 所示。将合金带材在 510℃固溶处理 30 min，然后，采用冷水进行淬火，冷却到室温。将该铝锂合金带材分别进行深冷异步轧制（asymmetric cryorolling，ACR）、深冷轧制（cryorolling，CR）、异步轧制（asymmetric rolling，AR）、室温轧制（room-temperature rolling，RTR）、高温异步轧制（hot asymmetric rolling，HAR）和高温轧制（hot rolling，HR）。进行深冷轧制和深冷异步轧制时，每道次前将合金放在深冷箱中，深冷处理时间不低于 8 min。每道次高温轧制前，将铝锂合金带材

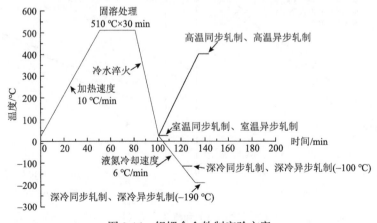

图 3-14　铝锂合金轧制实验方案

放置在 400℃的加热炉中，保温时间为 3 min。轧制速度设置为 2.4 m/min。单道次的压下率设置为 8%，经过 19 个道次轧制后，该铝锂合金材料的厚度减少至 0.4 mm。最后一个轧制道次结束后，合金带材的真应变为 1.61。

图 3-15 是不同轧制工艺前后的微观组织金相图。固溶处理后，该合金主要是由拉长的晶粒和等轴晶组成[图 3-15（a）]。轧制后，合金样品中主要为细化的晶粒。特别是在深冷轧制后的样品中，晶粒细化的程度更大。在异步轧制过程中，引入了更多的剪切应变，导致同等温度条件下轧制的样品中晶粒细化的程度更大。

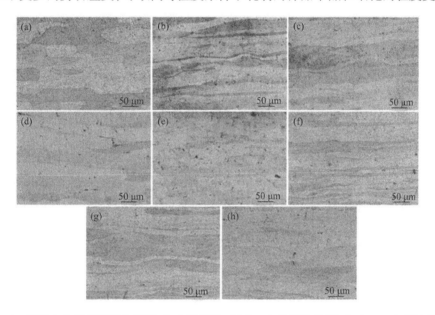

图 3-15　铝锂合金微观组织金相图：（a）轧制前；（b）–190℃深冷轧制；（c）–100℃深冷轧制；
（d）室温轧制；（e）–190℃深冷异步轧制；（f）–100℃深冷异步轧制；（g）异步轧制；
（h）高温异步轧制

　　本节主要对深冷轧制的合金材料的强化机制进行定量研究，室温轧制的合金材料作为对照参考。由于高温轧制后，合金材料中会有少量的析出相，析出强化并非本节研究的重点，故只做定性参考。图 3-16 展示了轧制前后轧向-法向（RD-ND）面上晶粒尺寸分布。从图 3-16（a）中可以看出，固溶后合金材料中晶粒尺寸最大，平均晶粒尺寸为 38.2 μm。随着轧制温度的降低，平均晶粒尺寸逐渐降低。–190℃深冷轧制、–100℃深冷轧制和室温轧制后合金材料的平均晶粒尺寸分别为 5.05 μm、5.67 μm 和 9.18 μm。在相同的温度下，异步轧制后，该铝锂合金晶粒尺寸进一步减小到 2.42 μm、3.66 μm 和 5.53 μm。另外，明显看出，相比于在–100℃深冷轧制后的铝锂合金材料，–190℃深冷轧制后的合金材料中晶粒尺寸分布相对更加均匀。

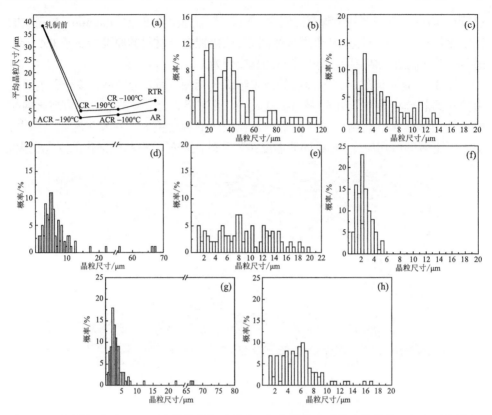

图 3-16　轧制前后 RD-ND 面上的晶粒尺寸分布:(a)晶粒尺寸的变化趋势;(b)固溶处理;
(c)−190℃深冷轧制;(d)−100℃深冷轧制;(e)室温轧制;(f)−190℃深冷异步轧制;
(g)−100℃深冷异步轧制;(h)异步轧制

　　图 3-17 展示了不同轧制工艺条件下获得的样品微观结构的 TEM 图像,每张图片右上角为对应的衍射斑照片。从图中明显看出,在(110)$_{Al}$ 和(112)$_{Al}$ 面上的衍射斑点呈环状分布,特别是在深冷轧制后的样品中。这说明深冷轧制后,合金样品中晶粒细化的程度远大于室温轧制和高温轧制后的样品。如图 3-17(b)和(f)所示,在−100℃深冷轧制的合金样品中,晶粒主要沿着两个方向滑动,在−100℃深冷异步轧制的合金样品中,晶粒主要沿着更多的方向滑动。同时,在−100℃深冷轧制的合金样品中,存在明显的高位错密度区(HDDZ)和低位错密度区(LDDZ)。在−100℃深冷异步轧制的合金样品中,由于剪切的加入,晶粒尺寸和位错分布相对均匀。在异步轧制过程中,剪切力的引入能够促进位错源增殖模式的改变。弗兰克-里德(Frank-Read)位错源增殖模式会逐渐转变为双交叉滑移增殖模式,从而导致不同晶面上的位错快速增殖。图 3-18 给出了该过程的转变机制。当轧制温度降低到−190℃,由于深冷温度下对位错运动和动态回复的抑制作用增加,晶粒形

态和位错分布得都更加均匀。随着轧制温度逐渐降低，轧制后的铝锂合金样品中位错密度急剧增加。当异步轧制过程中引入剪切力时，位错密度进一步增加。不同工艺条件下，位错增殖程度的不同，直接导致轧制后合金位错强化程度的不同。深冷轧制的样品中，应变诱导位错逐渐相互作用、互相缠结，在晶界附近形成大量的位错团和位错墙以及部分离散的位错（分别用黄色线、红色线和绿色线进行标记，见图 3-17）*。随着轧制道次的增加，这些位错团和位错墙逐渐转化为大角度晶界，使得晶粒得到很大程度的细化。随着轧制过程的进行，位错继续增加，并循环上述过程，直到细化到一个临界值。而在高温轧制过程中，较高的轧制温度使得大量的位错发生回复和湮没，导致位错密度增加得并不明显。但是，高温轧制过程中提供了较大的能量，使部分溶质原子析出，形成析出相。在高温异步轧制的样品中，形成的析出相尺寸相对于高温轧制的样品较小，分布更加弥散。

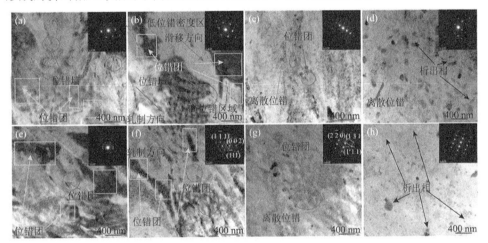

图 3-17　铝锂合金材料的 RD-ND 面观测 TEM 图像：（a）-190℃深冷轧制；（b）-100℃深冷轧制；（c）室温轧制；（d）高温轧制；（e）-190℃深冷异步轧制；（f）-100℃深冷异步轧制；（g）异步轧制；（h）高温异步轧制

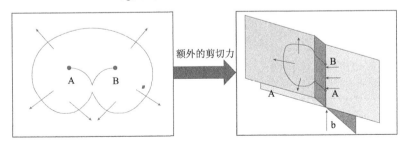

图 3-18　位错增殖模式改变的机制图

---

* 扫描封底二维码可见本图彩图。全书同。

通过对 XRD 花样的分析和计算能将各种状态合金材料中的位错密度定量化。各种工艺条件下加工后，合金材料的 XRD 花样如图 3-19 所示。假设晶粒尺寸变化和峰宽变化符合 Lorentzian 规则，则可通过 Williamson-Hall 方法计算得出[式（2-2）~式（2-5）]，位错密度计算结果如表 3-1 所示。由于固溶处理的温度较高，大量位错发生回复和湮没，导致合金材料中位错密度很低。室温轧制后，合金样品中的位错密度为 2.35×10^{14} m^{-2}，当轧制温度降低到−190℃时，位错密度增加到 5.82×10^{14} m^{-2}。深冷异步轧制后，合金材料中的位错密度最高，达到 9.41×10^{14} m^{-2}。在该铝锂合金材料中大量位错形成的主要原因为：极低的温度下位错运动和动态回复得到了一定程度的抑制，剪切力又促进了位错的多晶面交叉滑移，使得位错密度进一步增加。随着异步轧制温度的升高，轧制后合金材料中的位错密度急剧减少。当异步轧制温度升高到室温时，位错密度减少到 5.25×10^{14} m^{-2}。

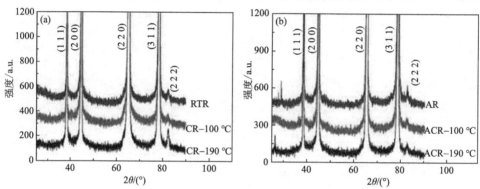

图 3-19   各种工艺条件下轧制后合金样品的 XRD 图：（a）同步轧制；（b）异步轧制

表 3-1   各种工艺条件下加工后铝锂合金的点阵微应变和位错密度

加工工艺	点阵微应变/（×10^{-3}）	位错密度/m^{-2}
−190℃深冷轧制	2.56	5.82×10^{14}
−100℃深冷轧制	2.33	3.98×10^{14}
室温轧制	2.23	2.35×10^{14}
−190℃深冷异步轧制	3.13	9.41×10^{14}
−100℃深冷异步轧制	2.80	7.29×10^{14}
异步轧制	2.73	5.25×10^{14}

图 3-20 中展示了轧制前合金样品的拉伸性能和拉伸测试后断口附近轧面形貌及断口形貌。从图 3-20（a）中可以看出，均匀变形阶段有明显的锯齿形波动出现，这是拉伸过程中典型的 Portevin-Le Chatelier（PLC）现象。这是由于拉伸变形过程中，新形成的位错等缺陷和溶质原子的相互作用。空位能为合金材料

中溶质原子的移动提供通道，溶质原子遇到可动位错时，位错对溶质原子有一定的钉扎作用，导致应力的上升。当施加的变形抗力大于钉扎力时，会发生脱钉现象，导致应力的下降，如此循环，直到拉伸过程结束。固溶后的 2060 铝锂合金强度较低，极限抗拉强度为 324 MPa，塑性较好，断裂延伸率为 27.6%。从图 3-20（b）和（c）中看到，轧面出现了明显的吕德斯（Lüders）带，并伴随着一些裂纹的产生。图 3-20（d）～（f）展示了 2060 铝锂合金的断口形貌。断裂模式以韧性断裂为主，观察到了较明显的颈缩现象。断面上位错很多，且相对较深，为良好塑性的直接证据。

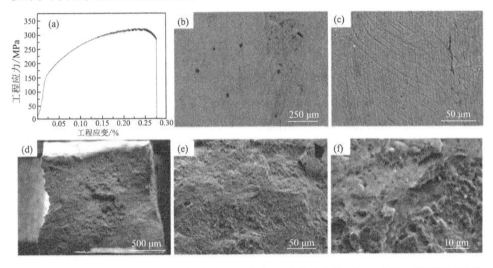

图 3-20　轧制前 2060 铝锂合金性能：（a）工程应力-工程应变曲线；（b，c）断口附近轧面形貌；
（d～f）不同倍数的断口形貌

　　图 3-21 中展示了各种工艺条件下轧制后合金样品的室温拉伸性能和硬度。从图中可以看出，轧制温度是影响轧后合金性能的一个关键参数。同步轧制实验中，高温轧制的合金样品的抗拉强度是最低的，屈服强度为 248 MPa，极限抗拉强度为 251 MPa，断裂延伸率为 3.3%。当轧制温度降低，轧后材料强度大幅度增加。轧制温度降低到室温、−100℃和−190℃时，屈服强度分别增加到 369 MPa、428 MPa 和 388 MPa，极限抗拉强度分别增加到 370 MPa、429 MPa 和 394 MPa。室温条件下轧制后合金材料断裂延伸率降低到了 1.8%，轧制温度降低到−100℃和−190℃时，合金材料的断裂延伸率分别增加到 3.9%和 3.6%。异步轧制过程中，随着剪切力的引入，合金材料的延伸率和强度都得到了提高。与高温轧制后合金材料的性能相比，高温异步轧制后，合金材料的屈服强度提高到了 272 MPa，极限抗拉强度提高到了 295 MPa，断裂延伸率提高到了 3.4%；异步轧制和−100℃异步轧制后，合金材料的屈服强度分别提高到了 459 MPa 和 467 MPa，极限抗拉强度分别

提高到了 479 MPa 和 496 MPa，断裂延伸率分别增加到了 3.1% 和 4.6%。–190℃异步轧制的合金材料表现出最高的强度，屈服强度为 471 MPa，极限抗拉强度为 514 MPa，断裂延伸率为 4.4%。从图 3-21（d）中可以看出，轧后合金材料的硬度表现出与强度类似的变化规律。–100℃深冷异步轧制后，合金材料的硬度是最高的，为 193 HV。随着轧制温度的升高，硬度值逐渐降低。高温同步轧制的合金材料的硬度值是最低的，仅 129 HV。

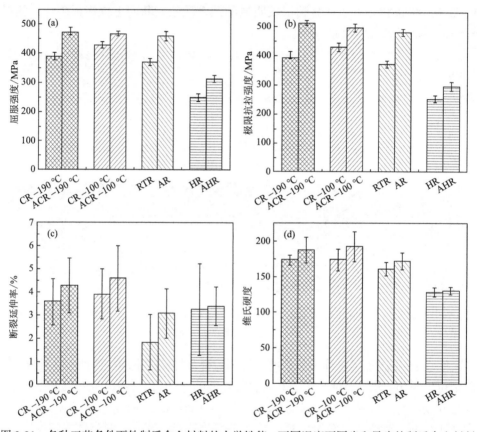

图 3-21　各种工艺条件下轧制后合金材料的力学性能：不同温度下同步和异步轧制后合金材料的屈服强度（a）、极限抗拉强度（b）、断裂延伸率（c）和硬度（d）

　　铝锂合金广泛应用于航空航天领域，这对该合金的综合机械性能提出了更高的要求，即需要研发同时具有超高延伸率和强度的铝锂合金材料。轧制后，合金材料中主要为细长的晶粒。同时，晶内和晶界附近累积了大量形变诱导的位错。研究表明，细化的晶粒和累积的大量微观缺陷对该合金微观结构演变有巨大的影响，尤其影响铝锂合金材料时效过程中的析出强化行为。不同的工艺条件下加工的铝锂合金材料微观结构和机械性能差异巨大，深入研究合金材料强化机制，通过优化加工工艺来提高机械性能极具挑战性。轧制温度和轧制异速比是加工工艺中两个重要的影响因素。

　　深冷温度下，轧制力驱动大量的位错墙和位错团形成，如图 3-17 所示。变形的过程中，位错的运动受到不可以移动位错的阻碍，这部分不可运动位错中包含堆积在晶界附近的位错团、位错墙和全位错等。拉伸过程中，溶质原子移动到不可运动位错附近，形成钉扎点，导致合金材料的强度增加。当外界的抗拉强度超过最大钉扎抗力时，流变应力会突然下降，直到溶质原子碰到下一个不可移动的位错。然而，室温条件下轧制的合金材料中，只有少量不可移动的位错微结构，且分布相对比较均匀，因此位错的滑移相对容易，从而导致该合金材料的强度较低。铝锂合金材料的参数如表 3-2 所示。

表 3-2　铝锂合金材料的参数

参数	符号	数值
泰勒常数	α	0.2
剪切模量/GPa	G	25.5
伯氏矢量大小/nm	b	0.286
Hall-Petch 常数/（MPa/m$^{1/2}$）	k_y	0.12
点阵摩擦应力/MPa	σ_0	140
泊松比	ν	0.3
泰勒因子	M	3.06

　　本研究所用铝锂合金中溶质原子，如 Cu、Li 和 Mg 等，尺寸和剪切模量与 Al 原子有较大的差别，导致局部应变场的形成。在合金变形过程中，该局部应变场能阻止位错的运动，促进晶内形成分布相对比较均匀的网状微观结构。固溶强化部分能够通过以下 Fleischer 方程[8]计算得到：

$$\Delta\sigma_{ss} = MGb\varepsilon_{ss}^{\frac{3}{2}}\sqrt{c} \qquad (3\text{-}1)$$

式中，面心立方多晶材料的 M 初始设置为 3.06；c 为一个权值，初始设置为 0.5；Li 原子的半径是 152 pm，Al 原子的半径是 143 pm，两者相近，导致每增加 1%（wt%）的 Li 原子，屈服强度的增加值不超过 0.01 MPa。尽管该合金材料中含有 1.07%（wt%）的 Li 原子，其对固溶强化的影响也是可以忽略的。另外，固溶后的样品中极易形成 GP 区、T_1 相、δ' 相和 θ' 相，这会导致合金的固溶体中溶质原子减少，固溶强化部分减少。对于深冷轧制和室温轧制的合金样品，并未观测到明显的析出相，假设所有的溶质原子都溶解在合金材料中，且其固溶强化的值是可以简单叠加的。该合金中,固溶强化部分最大约为 68 MPa。但是,对于高温轧制的样品中,部分 Cu 原子和 Li 原子明显已经析出,形成强化相。其固溶强化值远小于 68 MPa。

深冷轧制后铝锂合金材料强度高的一个重要原因是晶粒得到了更大程度的细化。位错运动和位错的扩展都会受到晶界的阻碍,当晶界增加以后,这种阻碍作用会更加增大,导致材料强度增加。晶界强化值可通过 Hall-Petch 方程计算得到。研究表明,当平均晶粒尺寸在 10~300 μm 范围内时,Hall-Petch 方程能够很好地预测合金的屈服强度。但平均晶粒尺寸范围在 100 nm~1 μm 时,预测的屈服强度值大于合金材料的实际值;当平均晶粒尺寸在 25 nm 以下时,预测的屈服强度值小于合金材料的实际值。当大塑性变形加工后的合金材料中晶粒尺寸细化到 200 nm 以下时,通过实验研究得到了相似的结果。两个可能的原因为:①形变诱导的位错能够穿过合金加工后形成的非平衡晶界,导致统计的晶粒尺寸出现较大误差;②由于许多位错逐渐向晶界移动,且变形过程中部分位错能够穿过这种非平衡晶界,导致合金的强度降低。当非平衡晶界包含溶质原子时,这些溶质原子对位错的运动有一定的阻碍作用,这种情况下,该关系式能较好地计算细晶强化对屈服强度的贡献值。本研究中,使用 Hall-Petch 关系来计算晶粒细化对合金材料屈服强度提高的贡献。参考晶粒测量标准,本部分采用的平均晶粒尺寸为晶粒长度和宽度的算数平均值。不同工艺条件下加工的合金材料中,细晶强化对屈服强度提高的贡献值见表 3-3。

表 3-3 溶质原子对屈服强度提高的贡献

元素	原子半径的差异 $[(r_x-r_{Al})/r_{Al}]$/%	屈服强度的增量 /(MPa/wt%)	贡献值/wt%$^{-1}$	对屈服强度的贡献值/MPa
Cu	−10.7	13.8	3.8	52
Mg	11.8	18.6	0.85	16

深冷温度下,形变诱导的螺位错湮灭被抑制,导致位错密度升高。位错相互作用和缠结,在晶界附近形成位错团和位错墙,导致材料强度升高。位错增加导致的强化可以用 Bailey-Hirsch 方程计算得到[9]:

$$\sigma_{dis} = \alpha MGb\rho^{\frac{1}{2}} \tag{3-2}$$

式中,M 为泰勒因子;G 为剪切模量;b 为伯氏矢量;ρ 为位错密度;α 为泰勒常数。

通过对 XRD 谱图的分析计算获得了位错密度值。随着轧制温度的降低和额外剪切作用的加入,泰勒因子略有增加。不同工艺条件下加工的合金材料中,位错强化对屈服强度提高的贡献值见表 3-4。

表 3-4　屈服强度的实验值和理论计算值

加工工艺	σ_G /MPa	σ_{dis} /MPa	σ_{bac} /MPa	理论值/MPa	实验值/MPa
−190℃深冷轧制	89	106	0	402	388
−100℃深冷轧制	84	87	69	448	428
室温轧制	70	67	0	354	369
−190℃深冷异步轧制	129	134	0	470	471
−100℃深冷异步轧制	105	118	23	453	467
异步轧制	94	100	0	402	459

在−100℃条件下同步轧制和异步轧制后，2060 铝锂合金中粗大晶粒的长度分别达到 243 μm 和 194 μm，相邻的细小晶粒的长度仅分别为 12 μm 和 49 μm。不同工艺加工后，晶粒和位错分布的巨大差异导致合金材料的参数发生一些改变。传统的塑性计算方法没有考虑微观结构的不均匀导致的应变梯度，所以不能很好地预测所有材料的性能。轧制后，合金材料中出现异质结构时，几何必要位错梯度导致的背应力强化是不能忽略的。几何必要位错打破了晶体点阵的规则排布，导致材料内部产生内应力。在笛卡尔直角坐标系中，假设韧位错和螺位错位于坐标原点时，在坐标系中任意点 (x, y, z) 的应力 σ_{ij} 可根据小变形理论由式（3-3）和式（3-4）得到：

$$\sigma_{xx} = 0, \ \sigma_{xy} = 0$$
$$\sigma_{yy} = 0, \ \sigma_{xz} = -\frac{Gb}{2\pi}\frac{y}{x^2 + y^2}$$
$$\sigma_{zz} = 0, \ \sigma_{yz} = \frac{Gb}{2\pi}\frac{x}{x^2 + y^2}$$
（3-3）

$$\sigma_{xx} = -\frac{Gb}{2\pi(1-\nu)}\frac{y(3x^2 + y^2)}{(x^2 + y^2)^2}, \ \sigma_{xy} = \frac{Gb}{2\pi(1-\nu)}\frac{x(x^2 - y^2)}{(x^2 + y^2)^2}$$
$$\sigma_{yy} = \frac{Gb}{2\pi(1-\nu)}\frac{y(x^2 - y^2)}{(x^2 + y^2)^2}, \ \sigma_{xz} = 0$$
$$\sigma_{zz} = -\frac{Gb\nu}{\pi(1-\nu)}\frac{y}{x^2 + y^2}, \ \sigma_{yz} = 0$$
（3-4）

然而，几何必要位错密度很难准确得到，且位错密度的梯度很难计入到该部分强化的模型中。另一种计算背应力强化的方法为基于迟滞循环实验中的加载-卸载-加载实验结果[10]，通过式（3-5）计算得到：

$$\sigma_b = \left(\sigma_r + \sigma_u\right)/2 \tag{3-5}$$

式中，σ_r 和 σ_u 分别为再加载屈服应力和卸载屈服应力。但是，这两个参数的获得需要对合金材料进行破坏性实验。在不破坏材料的前提下，预先计算获得材料的性能一直是学者们追求的目标。

位错堆积的位错团中的位错的数量和该结构的长度是计算背应力强化的两个非常重要的参数。位错团中位错引起的剪切应力场在距离为 t 的位置可表示为 $Af(x)\mathrm{d}x/(t-x)$，式中，$A = \mu_s b/2\pi(1-\nu_s)$。Head 等提出该位错堆叠的分布函数为[11]

$$f\left(x\right) = \frac{\tau}{\pi A}\sqrt{\frac{l-x}{x}} \tag{3-6}$$

式中，l 为该位错团的长度；τ 为施加的剪切应力。按照该模型理论，–100℃条件下轧制后 2060 铝锂合金材料的分割剪切模量为

$$\frac{1}{\mu_s} = \frac{1}{\mu_s{}'} + c_1 b_1^s \frac{2\varepsilon^{p(1)}}{\bar{\sigma}'} \tag{3-7}$$

$$\frac{\mu_s{}'}{\mu_0^s} = 1 + \frac{c_1\left(\mu_1 - \mu_0^s\right)}{c_0\beta_0^s\left(\mu_1 - \mu_0^s\right) + \mu_0^s} \tag{3-8}$$

式中，上标"s"代表该变量分割的分量。$\mu_s{}'$ 为该条件下合金的分割剪切模量，式中变量可分别通过下列式子进行计算：$\mu_r^s = \dfrac{E_r^s}{2\left(1+\nu_r^s\right)}$，$\nu_r^s = \dfrac{1}{2} - \left(\dfrac{1}{2} - \nu_r\right)\dfrac{E_r^s}{E_r}$，

$E_r^s = \dfrac{1}{\dfrac{1}{E_r} + \dfrac{\varepsilon^{p*(r)}}{\sigma^{*(r)}}}$，$\quad \beta_0^s = \dfrac{2}{15}\dfrac{4-5\nu_0^s}{1-\nu_0^s}$，$\quad q_s = \left(c_1 + c_0\beta_0^s\right)\left(\mu_1 - \mu_0^s\right) + \mu_0^s$，

$b_0^s = \left[\beta_0^s\left(\mu_1 - \mu_0^s\right) + \mu_0^s\right]/q_s$ 和 $b_1^s = \mu_1/q_s$。脚标"r"代表分割后的粗晶区或者细晶区；c_1 和 c_0 分别为细晶区和粗晶区的体积分数，在这里，–100℃温度下，同步轧制的合金材料中分别为 0.97 和 0.03，异步轧制的合金材料中分别为 0.98 和 0.02。

每个位错团中的几何必要位错数量为

$$n = \int_0^l f\left(x\right)\mathrm{d}x = \frac{\tau l}{2A} \tag{3-9}$$

粗晶内位错团中位错滑动的剪切应变为

$$\gamma_0 = \frac{\int_0^l bf(x)\,\mathrm{d}x}{d_1} = \frac{nb}{d_1} \tag{3-10}$$

当晶内的位错分布不均匀时，N 个几何必要位错结构引起的总剪切应力为

$$\Delta\gamma = (N - \xi)\gamma_0 \tag{3-11}$$

式中，$N = \mathrm{fix}\left(\dfrac{d_1}{h}\right) - 1$，代表几何必要位错堆叠的数量，其中 h 为相邻两个堆叠之间的距离；ξ 为位错分布在总的剪切应变中的影响因子。假设应变梯度是线性分布的，则可通过式（3-12）计算得到：

$$\eta = \frac{\Delta\gamma}{d_1} = \frac{(N - \xi)nb}{d_1^2} \tag{3-12}$$

根据式（3-9）和式（3-10），计算得到：

$$\gamma_0 = \frac{\tau lb}{2Ad_1} \tag{3-13}$$

对于细晶区，l 简化为平均晶粒尺寸 d_0，则背应力强化部分能够通过式（3-14）获得：

$$\tau_b = \int_0^l \frac{Af(x)}{t - x}\,\mathrm{d}x = \frac{2A\Delta\gamma}{b(N - \xi)} \tag{3-14}$$

式中，$\Delta\gamma = \sqrt{3}\Delta\varepsilon^{p^*}$。异质结构合金材料变形过程中，粗晶区刚开始屈服时，细晶区还在弹性变形阶段，则等效背应力强化部分为

$$\sigma_b = \sqrt{3}\tau_b \tag{3-15}$$

$\Delta\varepsilon^{p^*}$ 为分解应变，可通过式（3-16）计算得到：

$$\Delta\varepsilon^{p^*} = \varepsilon^{p^*(1)} - \varepsilon^{p^*(0)} \tag{3-16}$$

全局应变能够通过式（3-17）计算得到：

$$\bar{\varepsilon}_{11} = \frac{1}{3\kappa}\bar{\sigma}_{kk} + \frac{1}{2\mu}\bar{\sigma}_{11}' + c_1 b_1 \varepsilon_{11}^{p(1)} \tag{3-17}$$

式中，$c_1 b_1 \varepsilon_{11}^{p(1)} = \overline{\varepsilon}_{11}^{p}$，为塑性部分。因此总的等效塑性应变可表示为 $\overline{\varepsilon}^{p^*} = c_1 b_1 \varepsilon^{p^*(1)}$。其中粗晶区 α、b 和 k_y 分别设置为 0.24、0.256 和 0.13。在本次计算中，为了简化，将位错分布对总剪切应变的影响忽略。式（3-1）～式（3-17）被用来计算不同工艺条件下轧制后 2060 铝锂合金材料的屈服强度值，表 3-4 中展示了实验值和理论计算值的对比。

通过上述计算发现，大量新形成的晶界能够阻止该合金材料塑性变形中的位错运动，是材料强度提高的一大主要原因。累积的大量位错是轧制后合金材料拉伸过程中保持较大应变硬化率的另一个重要原因。室温条件下的硬度测试结果和抗拉强度的变化规律是一致的。图 3-22 中展示了 –190℃、–100℃和室温下同步轧制及异步轧制后，合金材料屈服强度理论值和实验值的对比。

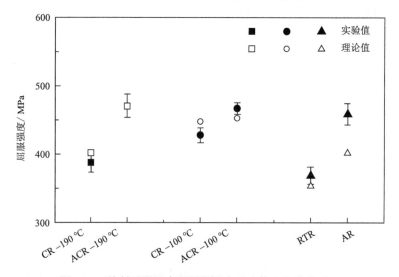

图 3-22　轧制后铝锂合金屈服强度理论值和实验值对比

在上面的研究基础上，对深冷轧制铝锂合金时效行为进行了进一步研究[12]。以 2060 铝锂合金为参照，在实验室内进行熔炼制备铝锂合金。先将适当高纯 Al 放入石墨坩埚中，再将坩埚放入高温炉膛中加热保温，使其充分熔化；最后把称量后的纯铜与纯锂放入坩埚中，用搅拌棒搅拌均匀，让金属充分接触，最终得到熔炼后的铝锂合金铸锭，其圆铸锭尺寸为 Φ60 mm×200 mm，化学成分为 Cu-3.56-Li-0.97-Al-Bal。铸锭经过大变形挤压后形成成形带材。铝锂合金的铸态与挤压态的金相组织如图 3-23 所示，图 3-23（a）显示铸态的晶粒尺寸较大，晶粒呈现不规则形状，长度为 600～1000 μm，宽度为 800～1000 μm；图 3-23（b）中的挤压态晶粒为沿挤压方向的长条状，与铸态晶粒相比较，其尺寸大幅度减小。

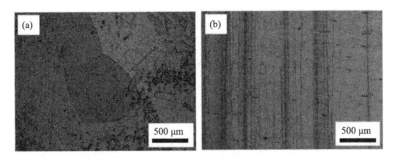

图 3-23　铸态与挤压态铝锂合金的金相组织：（a）铸态；（b）挤压态

图 3-24 为该铝锂合金在不同轧制温度下变形量为 30%的金相组织，其中图 3-24（a）为室温轧制，图 3-24（b）和（c）分别为–100℃和–150℃深冷轧制样品的金相组织，图 3-24（d）为–190℃深冷轧制的样品。从图中可以看出在所有经过轧制后的样品中，晶粒均呈现朝着轧面方向拉长的长条状。除此之外，随着轧制温度的降低，晶粒在不断破碎细化，长条状也会变得越来越窄，而且可看出–190℃深冷轧制的长条状最为细窄。这说明在 30%变形量下，深冷轧制细化晶粒的效果更为显著，所以深冷轧制能够比室温轧制拥有更大的变形能力，同时这也能导致材料具备更高的强度。

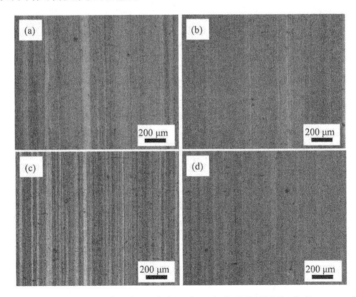

图 3-24　不同轧制温度下 30%变形量的金相组织：（a）室温轧制；（b）–100℃深冷轧制；
（c）–150℃深冷轧制；（d）–190℃深冷轧制

图 3-25 和图 3-26 分别是在室温和–190℃下 70%和 93%变形量轧制样品的横截面金相组织，与 30%和 50%变形量金相图相比较，显示出更为破碎的晶粒。与

之前描述的一样，所有的晶粒均呈现朝着轧制方向拉长的长条状。同时，在 70% 变形量中，−190℃深冷轧制的样品晶粒更小，另外在 93%变形量中也是如此，其中−190℃深冷轧制 93%变形量的长条状晶粒最为细小。这些都可以说明轧制温度的降低会提高轧制的变形能力，从而使带材储存更大的能量。与室温轧制相比，深冷轧制均可提高晶粒的细化效果，这主要是因为深冷轧制会抑制动态回复，所以细化晶粒的效果更显著。

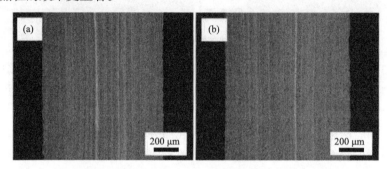

图 3-25　70%变形量材料金相组织：（a）室温轧制；（b）−190℃深冷轧制

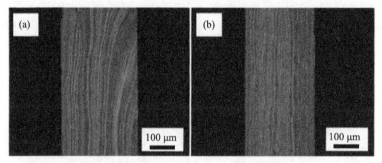

图 3-26　93%变形量材料横截面金相组织：（a）室温轧制；（b）−190℃深冷轧制

图 3-27（a）所示为退火后材料的微观组织特征，材料只有少量的位错线。图 3-27（b）和（c）显示的是室温轧制与−190℃深冷轧制 70%变形量的明场像，所有轧制样品的 TEM 图像均显示出团簇状的位错，说明材料在轧制过程中积累了不同程度的位错。在铝锂合金的室温轧制 70%变形量的样品中，观察到位错缠结和少量位错胞。此外，与室温轧制 70%变形量相比，−190℃深冷轧制 70%变形量的样品中同样具有位错缠结和位错胞，但是在−190℃深冷轧制中分布得更多，也更致密。图 3-27（d）和（e）给出了室温轧制和−190℃深冷轧制 93%变形量的明场像中，同样可以发现以下位错趋势：−190℃深冷轧制 93%变形量的样品要比室温轧制 93%变形量的样品累积更致密的位错，晶粒内部要储存更多的能量。根据前期学者的 TEM 研究，由于低温能够抑制大塑性变形过程中的动态回复，−190℃深冷轧制样品中存在较高的位错密度。

图 3-27　合金不同状态的 TEM 图像：(a)退火；(b)70%-室温轧制；(c)70%-深冷轧制(−190℃)；
(d)93%-室温轧制；(e)93%-深冷轧制(−190℃)

采用人工时效的方法，在不同温度下对铝锂合金的轧制态样品进行热处理，并实时测得合金的硬度，找出力学性能提升最显著的峰值时效参数。另外，为了凸现峰值硬度的变化并使硬度曲线图简化，选取了与峰值温度相邻的两种温度，分别测得两种温度下随时间变化的硬度值，如图 3-28 所示。图 3-28（a）表示的是室温轧制 70%变形量的时效曲线，可看出合金在 150℃和 170℃时效时，硬度值在初时效就出现了下降，同时在后续时效过程中均持续下降，这主要是由于时效温度过低，不能使析出相析出，且晶粒在一直长大，从而导致力学性能降低，然而合金在 160℃时效过程中，合金的硬度曲线呈现抛物线形状，在 50 h 时硬度达到了峰值，这说明室温轧制 70%样品的峰值时效参数为 160℃/50 h。此外，也可以从图 3-28（b）反映的−190℃深冷轧制 70%变形量的时效曲线中观察到，其峰值时效参数约为 140℃/50 h。将室温轧制 70%和−190℃深冷轧制 70%的峰值时效参数进行对比，可以得知−190℃深冷轧制 70%的峰值时效温度更低，说明在 70%变形量下，−190℃深冷轧制能够起到使峰值时效温度降低的作用。另外，从图 3-28（c）和（d）中可以看出，室温轧制 93%和−190℃深冷轧制 93%样品的峰值时效参数分别为 90℃/50 h 和 80℃/50 h，将其峰值时效温度进行对比，同样可以发现−190℃深冷轧制合金的时效温度更低，结合 70%变形量的峰值时效温度变化规律，说明深冷轧制能够降低峰值时效温度。除此之外，将室温轧制 70%和 93%变形量的峰值时效温度进行比较，发现变形量的增加也能使峰值时效温度降低。综上所述，图 3-28 显示轧制态样品峰值时效时间都在 50 h 左右，且在峰值时效温度初时效时，硬度值均呈现增长趋势，这是因为超细晶组织被保留，同时峰值时效温度下还有析出相析出，但随着时效时间的延长，位错密度会降低，析出相也会长大或分解，这是力学性能降低的主要原因。同时，图 3-28 显示峰值时效温度与变形量和轧制温度均有关系，且变形量越大，峰值时效温度越低，而且 –190℃深冷轧制的峰值时效温度比室温轧制的峰值时效温度低，这说明深冷轧制可以使峰值时效温度降低。

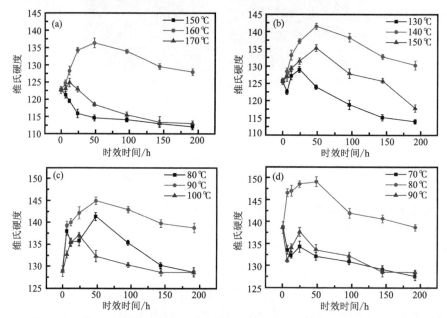

图 3-28　铝锂合金在人工时效后随时间变化的硬度曲线图:（a）室温轧制 70%;（b）–190℃深冷轧制 70%;（c）室温轧制 93%;（d）–190℃深冷轧制 93%

　　由于 T_1 相在时效过程中近似于均匀形核，因此可以通过式（3-18）分析形核过程的动力学参数。

$$I = Kd^{*2} \exp\left(-\frac{\Delta G^* + Q}{kT}\right) \qquad (3\text{-}18)$$

式中，K 为常数，与时效工艺过程的温度没有直接关系; d^* 为析出相临界形核尺寸; ΔG^* 为析出相临界形核功; Q 为材料原子内部迁移过程中所需要的激活能量; k 为玻尔兹曼常数; T 为析出相转变时的温度。可以看出，公式中的 ΔG^* 和 Q 与时效析出过程的温度有直接关系。其中，ΔG^* 与过冷度成反比，过冷度越大，形核功越小; 随着时效温度的降低，ΔG^* 值就越小，即 $\exp\left(-\Delta G^*/kT\right)$ 值越大。

理论上，原子的扩散能力与温度成正比，迁移激活能 Q 随温度升高而降低，随温度降低而升高，即随着时效温度的降低，$\exp(-Q/kT)$ 值越小。因此，对于 $\exp[-(\Delta G^*+Q)/kT]$ 值来说，需要同时考虑到 ΔG^* 和 Q 的影响。通常，时效析出的动力来自空位和固溶原子的浓度，而位错和晶界通常可作为原子迁移的通道。在高温 130～170℃时，由于温度的影响，尽管 ΔG^* 值较大，但需要的迁移激活能 Q 较小，容易使原子扩散和迁移，完成 T_1 相的析出。在本研究中，由于 −190℃深冷下大塑性变形、位错和空位大量的积累，时效过程中原子可以借助这些通道实现快速迁移。在低温 80～100℃时，ΔG^* 值较小，同时由于位错的作用使得迁移激活能 Q 也降低，因此原子同样可以完成迁移并析出 T_1 相。在室温轧制 70%变形量的峰值时效中，时效温度为 150℃时，ΔG^* 值较小，位错消除较快，迁移激活能 Q 也达不到析出相的要求，因而形变储能无法促使析出相析出，所以导致硬度一直降低；而时效温度为 160℃时，需要的迁移激活能 Q 减小，以牺牲部分位错为代价，生成了第二相，第二相对位错产生了阻挡作用，使硬度得到提升，最终获得了峰值硬度；但是在时效温度为 170℃时，析出相析出及长大速度很快，析出量较大，而且位错减少的速度过快，所以无法与强化相相互作用获得高硬度。而在 −190℃轧制 70%变形量的峰值时效中，由于位错密度的增大，迁移激活能 Q 降低，可以在 130～150℃时完成 T_1 相的析出；同样由于更高的温度，位错消耗过快，形变强化和析出强化不能在 150℃同时发挥作用，所以其最佳的峰值温度在 140℃左右。在室温轧制 93%和 −190℃深冷轧制 93%的峰值时效中的析出情况与前面一致，因为位错密度增大得更多，所以迁移激活能 Q 在较低的温度 70～100℃也能满足 T_1 相的析出需求。根据室温轧制和深冷轧制 93%变形量后位错的密度不同，最合适的峰值温度分别为 90℃和 80℃左右。

铝锂合金的固溶样、室温轧制和 −190℃深冷轧制样品经 80℃时效 48 h（−190℃深冷轧制 93%变形量的峰值时效）后的 TEM 图像如图 3-29 所示。与轧制样品相比，经时效后的样品位错都略有减少，但在图 3-29 中的 TEM 图像中也观察到了位错缠结与位错胞，这是因为一部分位错会牺牲，从而促进析出相形核。与时效前的结果相一致，−190℃深冷轧制的位错比室温轧制的位错更致密。经过时效处理后的固溶样、室温轧制 70%样品、−190℃深冷轧制 70%样品和室温轧制 93%样品除了位错减少之外，并无其他变化。然而，与时效后的其他样品相比，−190℃深冷轧制 93%变形量样品在低温时效后形成了板状 T_1 沉淀相（Al_2CuLi），如图 3-29（e）所示。同时在深冷轧制过程中，由于抑制动态回复，晶粒内部产生了大量的位错。图 3-29（e）显示 T_1 相与位错相互作用，能够有效地阻止位错滑移，所以能够在力学性能测试中保持高强度。

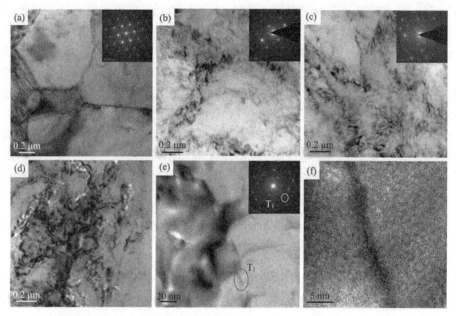

图 3-29　（a）固溶处理后的亚晶界及衍射斑图（SAED）；（b）室温轧制 70%变形量时效后的位错；（c）–190℃深冷轧制 70%变形量时效后的位错缠结；（d）室温轧制 93%变形量经时效后的位错胞；（e）–190℃深冷轧制 93%变形量经时效后产生了 T_1 沉淀相；（f）T_1 相正在长大成核的高分辨照片

目前，有学者研究了铝锂合金在 220℃时效后的析出物结构，在 TEM 下观察到 T_1 相析出，这表明 T_1 相的析出温度较高，但本研究中 T_1 相可以在 80℃时析出。综上所述，说明轧制变形量越大，位错积累得越多，应变能越大，越能够改善铝锂合金的织构，增加时效析出动力，促使 T_1 沉淀相的析出温度降低。因此，相对于时效后的室温轧制样品来说，在时效后的深冷轧制样品中，T_1 相更容易析出。在本研究中，当–190℃深冷轧制变形量为 93%时，再加以低温时效，恰好在这种条件下 T_1 相能够少量析出。T_1 是铝锂合金的主要时效强化相，它可对织构起到调整作用。由于固溶强化、形变强化和析出相强化，–190℃深冷轧制 93%样品经过时效 48 h 后会具有较高的力学性能。

3.2.2　铝镁硅合金深冷轧制

6XXX 铝合金（铝镁硅合金）的强度在一般情况下低于 2XXX 和 7XXX 铝合金。已有研究表明 6XXX 铝合金轧制带材可以有效地提高合金板材的成形性能。在轧制变形过程中，剪切力会使得晶粒沿轧制方向被拉长，导致组织发生变化，自由表面附近的材料与中心部分周围的材料在晶粒尺寸上存在细微的差别，从而促使厚

度略有减小。对于 6XXX 铝合金，硬度随压下率的增加而增加。6061 铝合金材料
是应用最多的 6XXX 铝合金,本节主要介绍深冷轧制制备高性能 6061 铝合金材料。

使用尺寸为 200 mm×60 mm×1.5 mm 的 6061 铝合金带材作为实验材料,研究
其在深冷异步轧制和时效处理过程中微观组织与性能变化[13]。在轧制之前,对材
料进行热处理,使材料样品经过回火。在多功能轧机上进行深冷异步轧制,上下
辊之间的轧制异速比设定为 1.1。通过七道次后,材料的厚度从 1.5 mm 减小到
0.19 mm。轧制后,轧制样品在 100℃时效 48 h。图 3-30 显示了时效处理后不同
厚度样品的 TEM 图像。在轧制后,亚晶结构和晶粒细化逐渐出现。通过七道次
后,材料的平均晶粒尺寸达到 235 nm。

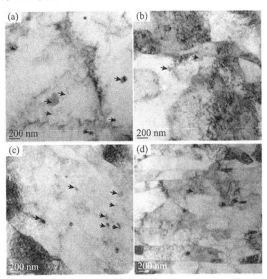

图 3-30　深冷异步轧制+时效处理后样品 TEM 图像:(a)第一道次;(b)第三道次;
(c)第五道次;(d)第七道次

图 3-31（a）显示了每次通过轧制后样品的拉伸曲线。样品的强度在第六道次
后达到峰值,在第七道次后急剧下降。从图 3-31（b）可以观察到,时效后样品在
每个轧制道次后显示出相似的强度变化趋势。样品的抗拉强度如图 3-31（c）所示,
其中可以看出时效样品的抗拉强度高于轧制样品的抗拉强度。轧制样品轧制第一
道次后的抗拉强度为 140 MPa,第六个道次后增加到 235 MPa。第六道次时效后
样品的抗拉强度达到 247 MPa。然而,与第六道次后相比,轧制和时效样品的抗
拉强度在第七道次后减小。图 3-31（d）显示了每个轧制道次后样品的延伸率的变
化规律。样品的延展性随着轧制道次的增加而降低。时效样品的延展性优于轧制
样品。还观察到延伸长度增率在通过第四道次后达到最大值,并且在第五道次、
第六道次和第七道次通过时减小。

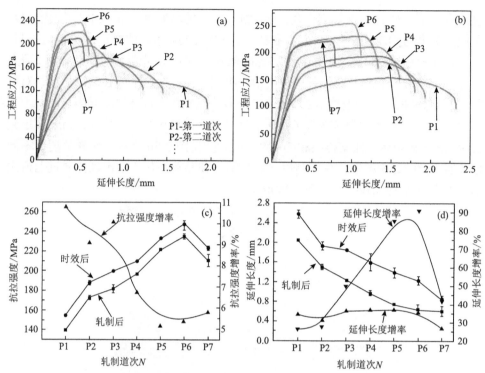

图 3-31　轧制和时效样品的拉伸力学性能：（a）轧制样品的拉伸曲线；（b）时效样品的拉伸曲线；
（c）轧制和时效样品之间抗拉强度比较；（d）轧制和时效样品之间延伸长度比较

显微硬度随轧制道次的变化如图 3-32 所示。轧制前，初始显微硬度为 35.3 HV。

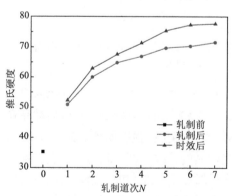

图 3-32　轧制和时效后材料硬度性能

轧制样品的硬度随着每次轧制而增加。第一道次后，硬度为 50.9 HV，第四道次后增加到 66.9 HV。在随后的轧制变形中，增量的速率变得更加平缓。第七道次后样品的显微硬度为 71.5 HV。时效样品的硬度高于轧制样品的硬度。在采用等通道转角挤压（ECAP）技术的铝镁硅合金中也观察到这种现象[8]。在第一道次、第四道次和第七道次后，时效处理被认为将轧制样品的硬度分别提高了 1.4 HV、4.4 HV 和 6.2 HV。

图 3-33 显示了不同工艺制备的 6061 铝合金的晶粒尺寸。经过五个循环的累积叠轧技术（等效应变 4），晶粒的平均尺寸为 230～240 nm[2, 3]。当使用异种通道转角挤压（DCAP）技术时，在五道次（相当于应变 3.0）后，大部分亚晶粒或位错胞

尺寸的范围大小为 50～300 nm。采用 HPT 技术制造了 6061 铝合金的超细晶粒，晶粒尺寸在室温下约为 500 nm（等效应变 4），在深冷环境中能够达到 170 nm。当使用 ECAP 技术时，当通道两部分之间的相交角度（φ）为 100°时，四个道次后晶粒尺寸在 200～500 nm（等效应变 3.9），当角度 φ 为 90°时，八道次后晶粒尺寸从 80 μm 减小到 710 nm（等效应变 8）。HPT、DCAP 和 ECAP 技术可以带来更显著的晶粒细化。综上所述，深冷异步轧制可以实现较大幅度的晶粒尺寸细化。

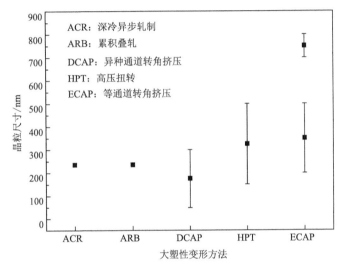

图 3-33 6061 铝合金不同大塑性变形工艺后的晶粒尺寸

在上述研究的基础上，进一步对累积叠轧制备的超细晶 6061 铝合金在深冷异步轧制过程中的微观组织与性能演变进行了研究[14]。使用厚度为 1.5 mm 的 6061 铝合金材料开展研究。在轧制之前，带材被完全退火。这些材料首先连续经过五次累积叠轧处理，然后，分别采用深冷轧制和深冷异步轧制对累积叠轧制备的带材进一步轧制，使材料厚度减小到 0.5 mm。在进行深冷轧制之前，用液氮冷却带材 10 min。深冷异步轧制异速比为 1.4。最后，对累积叠轧+深冷轧制和累积叠轧+深冷异步轧制材料在 100℃下时效 48 h。累积叠轧后，在 6061 铝合金材料中观察到一些边缘裂纹。这些边缘裂纹在深冷轧制/深冷异步轧制加工之前被修整，并且在深冷轧制/深冷异步轧制加工期间没有观察到再次出现。

图 3-34 显示了不同工艺后样品的微观结构。在图 3-34（a）中，退火样品显示出平均晶粒尺寸约为 38 μm 的粗等轴晶粒。在累积叠轧后，微结构变形为超细晶层状材料的微结构，如图 3-34（b）所示。在随后的深冷轧制处理中，晶粒宽度进一步细化到 175 nm［图 3-34（c）］，时效导致晶粒尺寸略微增加到 177 nm［图 3-34（d）］。在累积叠轧处理的材料的深冷异步轧制后，晶粒尺寸被进一步细

化到 158 nm［图 3-34（e）］，并且时效导致晶粒尺寸增加到 161 nm［图 3-34（f）］。
与累积叠轧+深冷轧制加工的带材相比，由累积叠轧+深冷异步轧制加工的带材的
晶粒尺寸更小。

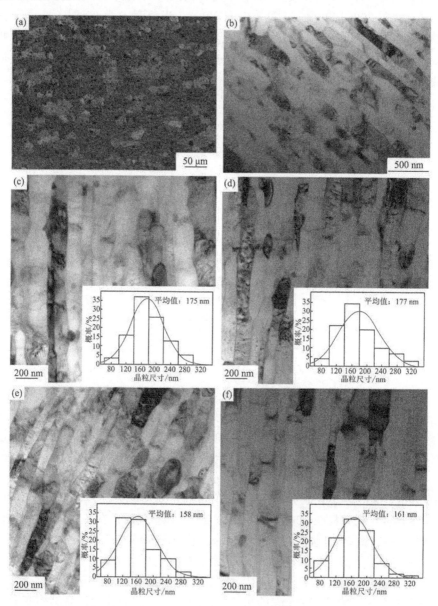

图 3-34　6061 铝合金微观组织和晶粒尺寸分布：（a）带材轧制前的光学显微镜图像；
（b）第五道次累积叠轧；（c）累积叠轧+深冷轧制；（d）累积叠轧+深冷轧制+时效；
（e）累积叠轧+深冷异步轧制；（f）累积叠轧+深冷异步轧制+时效

图 3-35 显示了不同工艺后的 XRD 结果。如图 3-35 所示，与累积叠轧+深冷轧制相比，在累积叠轧+深冷轧制+时效之后，Mg_2Si 和 $CuAl_2$ 沉淀的比例略微增加，这可能会导致带材的强度和延展性略有增加。然而，对于时效前的样品，与时效后的样品相比，Mg_2Si、$CuAl_2$ 和 Al_6Mn 的沉淀明显增加。大量研究表明，6061铝合金中的析出相含量增加会增加材料的延展性和强度。

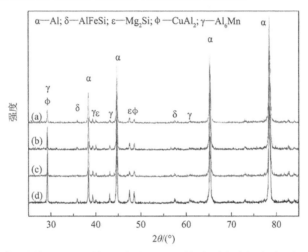

图 3-35　6061 铝合金材料的 XRD 结果：（a）累积叠轧+深冷轧制；（b）累积叠轧+深冷轧制+时效；（c）累积叠轧+深冷异步轧制；（d）累积叠轧+深冷异步轧制+时效

图 3-36（a）给出了退火、累积叠轧、累积叠轧+深冷轧制、累积叠轧+深冷轧制+时效、累积叠轧+深冷异步轧制和累积叠轧+深冷异步轧制+时效工艺处理后样品的工程应力-应变曲线。与"仅退火"的带材相比，累积叠轧处理的带材的强度增加到 380 MPa，在时效还原后进一步增加到 437 MPa，在时效处理后进一步增加到 454 MPa。图 3-36（b）显示了不同工艺后样品的显微硬度。退火后样品的显微硬度为 39 HV，经累积叠轧处理后增加到 94 HV。经过后续深冷轧制和时效

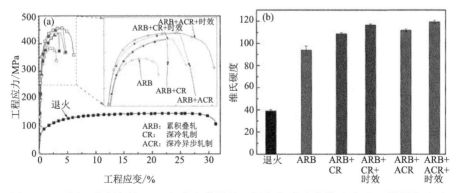

图 3-36　不同工艺制备的 6061 铝合金带材的工程应力-应变曲线（a）和显微硬度（b）

处理后，显微硬度分别提高到 108 HV 和 116 HV。当经过后续的深冷异步轧制和时效时，显微硬度分别增加到 111 HV 和 119 HV。

从图 3-36（a）中可以看出，与仅在累积叠轧之后的带材的延展性相比，带材的延展性在累积叠轧+深冷轧制、累积叠轧+深冷轧制+时效、累积叠轧+深冷异步轧制和累积叠轧+深冷异步轧制+时效之后均有增加，其中，累积叠轧+深冷异步轧制+时效后的带材延展性最好。图 3-37 显示了拉伸实验后样品断裂表面的 SEM 图像。对于累积叠轧+深冷轧制处理的样品，断裂表面光滑，只有很少的韧窝。在累积叠轧+深冷轧制+时效之后，韧窝的数量增加，这意味着带材的延展性增加，如图 3-36（a）所示。对于累积叠轧+深冷异步轧制和累积叠轧+深冷异步轧制+时效制备的样品，其延展性的变化与累积叠轧+深冷轧制和累积叠轧+深冷轧制+时效后相似。如图 3-37（d）所示，韧窝的数量比图 3-37（a）～（c）所示的样品多得多。这意味着累积叠轧+深冷异步轧制+时效后的带材具有最大的延展性。如图 3-36 中的累积叠轧+深冷异步轧制+时效应力-应变曲线所示，与其他样品颈缩后的立即断裂相比，图 3-37（d）中所示的韧窝明显更深，这是材料拉伸过程中延伸率提升的直接证据。因此，从图 3-36 和图 3-37 中可以看出，深冷异步轧制和时效技术可以提高累积叠轧处理的 6061 铝合金材料的强度和延展性。

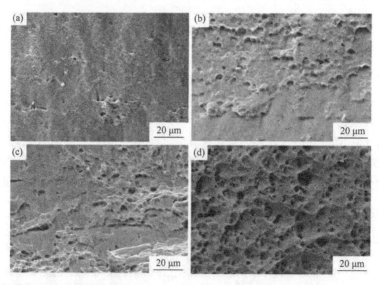

图 3-37　拉伸实验后样品断裂表面的 SEM 图像：（a）累积叠轧+深冷轧制；（b）累积叠轧+深冷轧制+时效；（c）累积叠轧+深冷异步轧制；（d）累积叠轧+深冷异步轧制+时效

3.2.3　铝锌合金深冷轧制

7XXX 铝合金因其高的比强度、良好的抗疲劳性、优秀的耐腐蚀性，在交通运输、航空航天等领域应用广泛，这对实现轻量化生产和环境友好的目标有巨大推进作用。为了满足那些高端领域对合金性能日益增长的需求，研究新的工艺以进一步提高材料的综合性能已经成为一种必然趋势。作为应用最为广泛的 7XXX 铝合金，制备出强度和韧性俱佳的 7075 铝合金具有重要意义。在传统热轧工艺下，7075 铝合金的强度提升效果不佳，而经过室温轧制后，带材的强度得到明显提高，但带材成形性能差、延展性很低的问题难以规避，这会严重影响 7075 铝合金带材的韧性和疲劳强度等服役性能，进而引发产品失效，这对航空航天领域关键零部件的影响是致命的。

本研究使用了初始尺寸为 100 mm×100 mm×6 mm 的热轧 T6 态铝合金带材[15]，它们的化学成分为 Zn-5.27-Mg-2.34-Cu-1.4-Fe-0.31-Si-0.2-Cr-0.2-Mn-0.15-Al-Bal。在 748 K 固溶处理 3 h 及室温水中淬火后，固溶态带材立刻在四辊轧机上进行室温轧制及深冷轧制。带材被轧制至 1.2 mm 厚，总压下率为 80%，每道次的压下率约为 8%。轧制过程的每道次压下率等轧制工艺参数应保持一致。对于深冷轧制，在第一个轧制道次之前，将样品浸入盛有液氮的深冷容器中 30 min，随后每道次之前在液氮中保持 10 min。轧制之后，将深冷轧制和室温轧制带材在 353 K、373 K 和 393 K 三种温度下进行不同时间的人工时效。

图 3-38 展示了深冷轧制和室温轧制后的带材形貌。7075 铝合金带材在室温下轧制变形量为 65% 时开始发生边裂，图 3-38（a）和（b）表明在室温下变形量为 80% 时，带材发生了大规模的明显边裂。图 3-38（e）介绍了统计的 80% 变形量的室温轧制样品的裂纹长度分布，可以看到平均裂纹长度为 4.55 mm，而最大裂纹长度可达 13.54 mm。深冷轧制的 7075 铝合金带材样品如图 3-38（c）和（d）所示，在变形量达到 80% 时，板型完好，依然没有裂纹。图 3-38（f）～（h）显示了深冷轧制和室温轧制样品 RD-TD 平面边缘的 SEM 图像，图 3-38（i）和（j）显示了深冷轧制和室温轧制样品 RD-ND 截面的 SEM 图像。他们也证明了在大变形量后室温轧制发现大量裂纹，严重影响带材质量，而深冷轧制没有任何裂纹。这说明该合金在深冷环境下具有更优异的成形性，深冷轧制能有效改善 7 系高强度铝合金的室温轧制裂纹状况。

图 3-39 表示的是固溶态、T6、室温轧制、室温轧制+时效处理、深冷轧制和深冷轧制+时效处理样品在 RD-ND 方向阳极覆膜后的光学显微镜（optical microscope，OM）图像及晶粒统计结果。如图 3-39（a）所示，748 K 固溶处理之后，可以观察到有大量的再结晶晶粒。在 RD-ND 截面，晶粒沿轧制方向有轻微的拉长痕迹，而在 TD-ND 截面，将只能看到等轴晶粒存在。T6 样品的晶粒特征与固溶态样品几乎没有区别[图 3-39（b）]，除了在 393 K 下时效 24 h 后晶粒尺寸略有增加外，从固溶态样品的 20.7 μm 增加到 T6 样品的 22.9 μm。此外，在固溶态样品的 OM 图中还可以观察到一些粗大的第二相粒子，它们大多是不溶的 Al_7Cu_2Fe 相。由于轧制过程带材发生了剧烈变形，RD-ND 截面上的晶粒

沿轧制方向被显著拉长，晶界相互挤压聚集，几乎难以区分[图 3-39（c）～（f）]。如图 3-39（c）所示，室温轧制样品沿法线方向的晶粒宽度相较于固溶态样品大幅度减小，仅为 471 nm。此外，在室温轧制样品的 RD-ND 截面上观察到了大量的剪切带，这说明室温轧制时材料发生了大规模的局部变形。如图 3-39（d）所示，峰值时效后，室温轧制+时效处理样品的剪切带特征仍和室温轧制样品一样密集，并未发生明显变化，仅晶粒尺寸发生一定程度增大（679 nm），这归因于较低的时效温度不足以引起再结晶的发生。类似地，如图 3-39（e）所示，深冷轧制样品在厚度方向的晶粒尺寸远小于固溶态样品的晶粒尺寸，且统计结果显示，410 nm 的晶粒尺寸也略小于室温轧制样品。在峰值时效后，深冷轧制+时效处理样品的晶粒尺寸增加至 628 nm。与此同时，图 3-39（e）和（f）显示，深冷轧制和深冷轧制+时效处理样品的 RD-ND 截面上均未观察到明显剪切带的存在，这表明深冷轧制过程中带材的变形更加均匀。

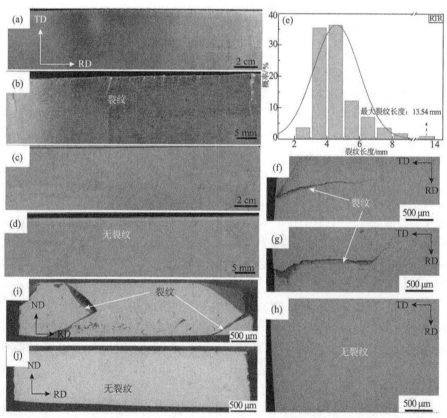

图 3-38　7075 铝合金轧制形貌：（a，b）室温轧制样品；（c，d）深冷轧制样品；（e）室温轧制样品裂纹长度分布；（f，g）RD-TD 平面室温轧制样品边部裂纹；（h）室温轧制 RD-ND 截面；（i）深冷轧制带材 RD-ND 截面；（j）深冷轧制 RD-TD 平面边部区域

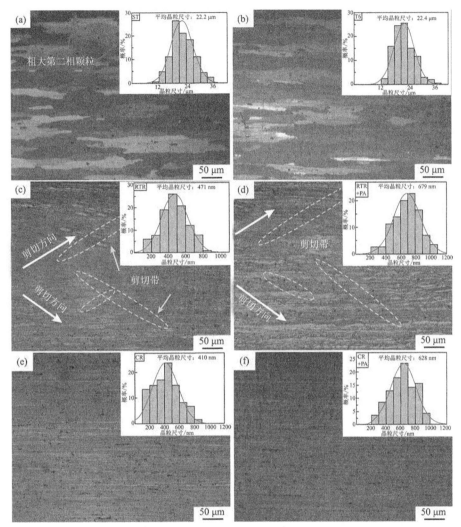

图 3-39　RD-ND 截面 7075 铝合金微观组织：（a）固溶态；（b）T6；（c）室温轧制；
（d）室温轧制+时效处理；（e）深冷轧制；（f）深冷轧制+时效处理

图 3-40 显示了深冷轧制、室温轧制、深冷轧制+时效处理和室温轧制+时效处
理样品的微观结构。可以观察到经历高应变后的轧制样品的晶粒被显著拉长和细
化，导致晶界增加，位错也得到显著积累。如图 3-40（a）和（b）所示，由于深
冷轧制温度对大塑性变形过程中动态回复的显著抑制作用，因此深冷轧制样品积
累了更高密度的位错，大量的位错缠结和位错胞被观察到。相比之下，室温轧制
样品的位错密度略低[图 3-40（c）和（d）]。如图 3-40（c）和（h）所示，从室
温轧制样品的微观结构中观察到了剪切带的存在，且时效处理后依然明显，这与
OM 所得结果一致。此外，从图 3-40（d）中可以看到室温轧制样品中有少量的析

出物产生，这可能是导致其强度略高于深冷轧制样品的原因。由于剧烈变形后的晶粒细化、位错积累和位错滑移，在深冷轧制和室温轧制样品中均形成了一些亚晶，如图 3-40（a）和（c）所示。峰值时效后，深冷轧制+时效处理和室温轧制+时效处理样品的晶界仍然不清晰，位错密度由于低温回复显著降低，许多高密度位错重新排列形成亚晶和亚晶界，但仍能观察到一些位错胞和位错缠结 [图 3-40（e）～（i）]。如图 3-40（g）和（i）所示，时效样品的晶界附近和晶粒内部产生了众多的细小沉淀物，沉淀周围的位错由于为沉淀形成提供形核位置和成核能量被消耗而较少。

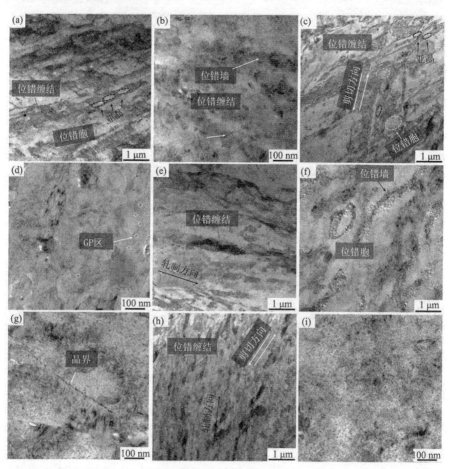

图 3-40　7075 铝合金 TEM 图像：（a，b）深冷轧制；（c，d）室温轧制；
（e～g）深冷轧制+时效处理；（h，i）室温轧制+时效处理

图 3-41 介绍了深冷轧制+时效处理样品的高分辨透射电子显微镜（HR TEM）图像。如图 3-41（a）所示，在 $\langle 110 \rangle_{Al}$ 取向上可以观察到球状的 GP 区和棒状的 η′

相。图 3-41（b）展示的是图 3-41（a）中标示的 GP 区的快速傅里叶逆变换（IFFT）模式和快速傅里叶变换（FFT）模式，它们证明了 GP 区与铝基体完全共格。此外，如图 3-41（c）和（d）所示，析出相在$\langle 110 \rangle_{Al}$取向上占据的位置与 η′相的分布位置一致，这说明 η′相在时效处理时大量产生，是深冷轧制+时效处理样品中最重要的强化相。

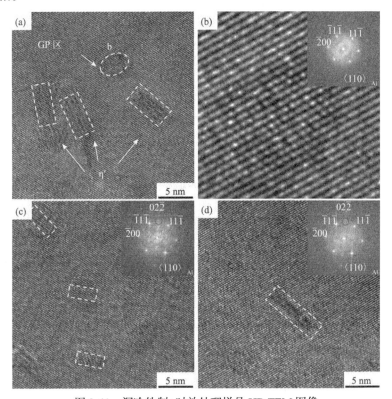

图 3-41　深冷轧制+时效处理样品 HR TEM 图像

　　深冷轧制样品的硬度从固溶态样品的 122.8 HV 增加至 183.9 HV，这主要归因于轧制过程产生的晶粒细化效果和累积的大量位错。为了研究时效处理对深冷轧制和室温轧制样品力学性能及微观结构的影响，探索轧制后带材的最佳时效温度和时间，在 353 K、373 K 和 393 K 分别进行时效处理，不同时效温度下硬度的变化如图 3-42 所示。在三种时效温度下，深冷轧制样品的硬度表现出不同的随时间变化趋势。如图 3-42（a）所示，时效温度为 353 K 时，硬度增长速度较慢，在 72 h 时取得 203.8 HV 的峰值。在 393 K 时效时，硬度增长迅速，但在 12 h 后开始不断降低，峰值硬度值为 199.6 HV。而时效温度为 373 K 时，深冷轧制样品的硬度增加到 48 h 并达到峰值，可达 212.1 HV，与深冷轧制样品相比提高了 15.3%，明显高于其他两个时效温度的峰值硬度。因此，深冷轧制样品的最佳时效条件为

373 K 时效 48 h。类似地，室温轧制样品也在时效温度为 373 K 时取得最大硬度，峰值时效时间为 32 h［图 3-42（b）］。与此同时，如图 3-42（a）和（b）所示，我们可以发现深冷轧制和室温轧制样品都是时效温度越高，达到峰值时效所需的时间就越短。

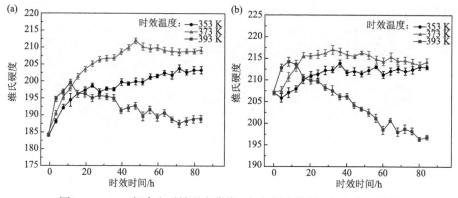

图 3-42　7075 铝合金时效强度曲线：（a）深冷轧制；（b）室温轧制

　　将各种条件下的 7075 铝合金样品进行拉伸实验，部分结果如图 3-43 所示，具体力学性能数据列于表 3-5。如图 3-43（a）和表 3-5 所示，可以明显地发现在经过深冷轧制后 7075 铝合金的强度得到显著提升。与固溶态样品相比，深冷轧制样品的屈服强度和极限抗拉强度分别从 227 MPa 和 429 MPa 增加到 580 MPa 和 618 MPa，增长率为 155% 和 44%。然而，深冷轧制样品的延伸率与固溶态样品相比减少了，但明显高于室温轧制样品。当深冷轧制样品经过 373 K/48 h 的时效处理之后，与深冷轧制样品相比，所得的深冷轧制+时效处理样品的屈服强度和极限抗拉强度分别从 580 MPa 和 618 MPa 增加至 624 MPa 和 650 MPa。同时，深冷轧制+时效处理样品获得了更高的失效延伸率（E_f），从 4.4% 增加至 7.4%。与室温轧制+时效处理样品相比，深冷轧制+时效处理样品的屈服强度和极限抗拉强度均略高。更重要的是，不论是否时效处理，深冷轧制样品的延伸率均明显高于室温轧制样品。图 3-43（b）表示的是深冷轧制+时效处理和室温轧制+时效处理样品的真应力-应变曲线及加工硬化率，通过对比可以明显看出，深冷轧制+时效处理样品的强度和韧性均优于室温轧制+时效处理样品，其中延展性的优势尤为明显。此外，与室温轧制+峰值时效样品相比，深冷轧制+峰值时效样品表现出相当高的加工硬化率，这也是深冷轧制+峰值时效样品获得更高延展性的原因。从两种曲线的交汇点可以判断，深冷轧制+时效处理和室温轧制+时效处理样品的均匀延伸率（E_u）分别为 6.4% 和 3.8%，因此深冷轧制+时效处理样品的 E_f 和 E_u 相较于室温轧制+时效处理样品分别提高了 57% 和 68%，这对提高 7075 铝合金的韧性和成形性有重要意义。

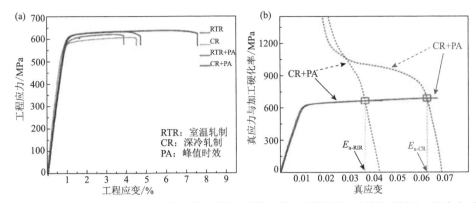

图 3-43 （a）深冷轧制、室温轧制、深冷轧制+时效处理和室温轧制+时效处理样品工程应力-应
变曲线；（b）深冷轧制+时效处理和室温轧制+时效处理样品的真应力-应变与工作强化曲线

表 3-5　不同工艺处理 7075 铝合金力学性能

状态	屈服强度/MPa	极限抗拉强度/MPa	E_u/%	E_f/%	位错密度/m^{-2}
固溶态	227±18	429±4	18.4±1.6	22.7±1.8	7.22×10^{12}
T6	445±21	555±7	8.0±1.1	11.5±1.7	5.05×10^{12}
室温轧制	597±2	632±2	2.9±0.4	3.3±0.4	4.86×10^{14}
深冷轧制	580±5	618±3	4.0±0.4	4.4±0.5	5.47×10^{14}
室温轧制+时效处理	618±2	647±1	3.8±0.3	4.7±0.6	2.79×10^{14}
深冷轧制+时效处理	624±4	650±1	6.4±0.2	7.4±0.2	3.33×10^{14}

图 3-44 介绍了固溶态、T6、室温轧制、深冷轧制、室温轧制+时效处理和深
冷轧制+时效处理样品拉伸断口的 SEM 图像。如图 3-44（a）和（b）所示，固溶
态样品的断口形貌可以观察到大量的大尺寸韧窝（红色箭头）和小尺寸韧窝（黄
色箭头），因此，固溶态样品的拉伸断裂机制是韧窝诱发的穿晶断裂，但伴有极
少的晶间断裂（绿色箭头）。大尺寸韧窝的形成主要归因于在拉伸变形过程中未
溶解的第二相粒子（白色箭头）往往会优先成为裂纹起始位置或充当裂纹扩展路
径，这也是可热处理强化铝合金的抗断裂性对粗大颗粒的存在比较敏感的原因。
而小尺寸韧窝则主要归因于细小的弥散相，如 $Al_7(Cr, Mn)$ 等。与固溶态样品相比，
T6 样品除了大量的韧窝之外，可以观察到更多的解理面[图 3-44（c）和（d）]，
这说明 T6 样品的断裂机制是穿晶断裂和沿晶断裂的混合，其中穿晶断裂占主导
作用。如图 3-44（e）和（f）所示，可以观察到室温轧制样品上有很多光滑的解
理平面和很少的韧窝，这与室温轧制样品延伸率很低的结果相匹配。即使在时效
处理后，室温轧制+时效处理样品的韧窝数量依旧较少，且有大量的沿晶断裂层状
区域和撕裂脊存在[图 3-44（i）和（j）]，这表明室温轧制样品的断裂模式是准

解理断裂，具有脆性断裂和占很小比例的韧性断裂特征。相比之下，深冷轧制样品上的韧窝数量比室温轧制和室温轧制+时效处理样品更多,解理平面所占比例也有所减少[图 3-44（g）和（h）]。根据力学性能结果，深冷轧制+时效处理样品的延伸率明显高于室温轧制+时效处理样品。如图 3-44（k）和（l）所示，与室温轧制+时效处理样品相比，深冷轧制+时效处理样品上的韧窝数量显著增多，深度增加，且较少出现沿晶断裂现象和撕裂脊。它证明深冷轧制+时效处理样品的断裂机制包括穿晶断裂和晶间断裂，且以韧窝为明显特征的韧性断裂所占比例显著高于室温轧制样品，这是深冷轧制+时效处理样品的塑性显著优于室温轧制+时效处理样品的体现。此外，从图 3-44 中还可以发现，轧制样品的韧窝尺寸明显小于固溶态样品，这是轧制变形后晶粒细化的体现。PA 处理后，时效样品的韧窝尺寸变化不大，这表示时效对深冷轧制和室温轧制样品的韧窝尺寸没有显著影响。

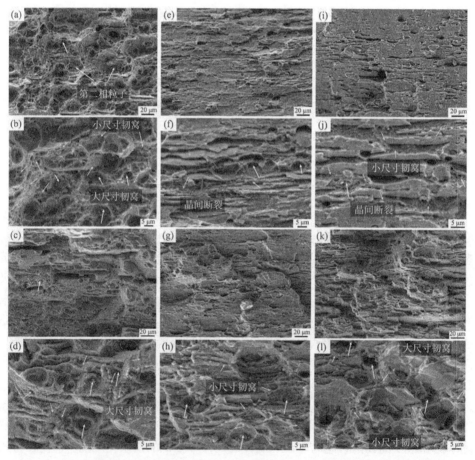

图 3-44　7075 铝合金材料断口形貌：（a，b）固溶态；（c，d）T6；（e，f）室温轧制；
（g，h）深冷轧制；（i，j）室温轧制+时效处理；（k，l）深冷轧制+时效处理

7075 铝合金在经过热轧后，强度相较于固溶态样品的提升较小，较低的屈服强度不足以满足高强度应用需求。而在经过室温轧制后，塑性非常差，即使在峰值时效处理后延伸率仍小于 5%，同样难以应用。相对而言，7075 铝合金在经过深冷轧制后，强度得到显著提高，而延伸率降低较多。接着，在峰值时效后，强度进一步提升，延伸率也得到显著改善。因此，讨论部分将关注深冷轧制及后续 PA 处理对 7075 铝合金的机械性能和微观结构的影响。

如图 3-38 所示，深冷轧制可以避免 7075 铝合金在室温轧制时产生的边裂问题，从而改善变形带材的质量，并实现更大的塑性变形。表 3-5 显示了在经过 80% 减薄量的深冷轧制后，深冷轧制样品的强度相较于固溶态样品发生了大幅度提升，但同时延伸率显著下降，这可以从图 3-44（a）和（b）中以韧窝为主到图 3-44（g）和（h）中以晶间断裂占更大比例的断口形貌演变中体现。相比之下，尽管室温轧制样品的强度也得到了明显提升，但其延伸率低至 3% 左右。图 3-39（c）中剪切带的出现说明室温轧制时材料发生了严重的不均匀变形，这是材料变形能力差的体现。在进一步变形时剪切带通常作为空穴形成、生长和合并的优先位置，从而会加速裂纹的形成和扩展。如图 3-40（c）和（h）所示的 TEM 结果中，也可以观察到室温轧制样品中明显的剪切带，在其周围分布着高密度位错。而在图 3-39（e）中深冷轧制时没有观察到明显的剪切带，说明深冷轧制样品以均匀变形为主，这证明了深冷轧制样品具有更好的成形性。此外，如图 3-41（b）所示，与室温轧制样品相比，深冷轧制样品衍射峰的角度偏移较小，这同样证明了其内部发生的不均匀变形和晶格畸变更少。图 3-39 说明固溶态样品在经过轧制变形后，晶粒得到了不同程度的细化，而晶粒尺寸统计结果则显示深冷轧制的晶粒细化效果较室温轧制略显著些。图 3-41 的衍射结果显示深冷轧制样品有最大的半峰全宽（full width at half maxima，FWHM）值，达 0.49，较室温轧制样品的 0.42 更大，这与深冷轧制样品晶粒尺寸最小的结论一致，因为衍射峰的宽化通常与晶粒的细化相对应。之前关于深冷轧制铝合金的研究也得到了相似的结果。因此，深冷轧制可以有效地抑制回复从而使晶粒细化，细晶强化也在深冷轧制样品的强度提升中发挥重要作用。图 3-41（a）中揭露了深冷轧制样品出现了很少的 $MgZn_2$ 析出相峰，这说明在深冷环境下动态时效得到有效抑制。而室温轧制样品由轧制过程引起的摩擦热则促进形成了 GP 区，因此在室温轧制样品中能观察到较多的 $MgZn_2$ 峰。这说明在时效之前，室温轧制样品的沉淀强化效果强于深冷轧制样品。通过对 XRD 结果估算出的各种样品位错密度表明，与固溶态样品相比，轧制变形后的样品均获得了很高的位错密度，尤其是深冷轧制样品，这是因为在深冷环境下轧制变形会严重抑制动态回复，导致位错累积，从而形成高密度位错。一些难以消除的位错随着变形过程不断积累和缠结，最终形成位错胞。这些均可从图 3-40 的 TEM 结果中得到证实。这些结果表明普遍存在的高位错密度及位错亚结构是使深冷轧制样品强度提高的重要原因之一。

经过不同温度的时效处理后，轧制带材的机械性能均得到了提升。例如，深冷轧制样品在 373 K 下时效 48 h 可达到最佳力学性能，而沉淀析出和强烈的回复在此过程中同时发生。其中，沉淀会对样品的硬度和强度产生有利影响，动态回复则会显著降低位错密度，使基体软化。如图 3-42（a）所示，深冷轧制样品在 373 K 时效时，硬度随着时效处理的进行逐渐增加，直到 48 h 后开始下降，并伴随着不断波动。这是因为在开始阶段，沉淀的影响占主导地位，沉淀强化的效果强于回复产生的硬度削减效果，导致硬度的不断增加。而在 PA 后，回复效果占主导，因此硬度有所降低。当时效温度为 393 K 时，硬度值在 12 h 后开始迅速下降，与 373 K 相比，PA 时间更短且峰值硬度更低，而时效温度为 353 K 时，PA 时间为 72 h。这一结果说明时效温度越高，动态回复越剧烈，对硬度的削减效果也越显著。同样地，室温轧制样品在三种时效温度下也表现出了相同的规律。此外，室温轧制样品在轧制变形时产生更多的沉淀，使其沉淀强化效果更显著，表现为室温轧制+时效处理样品的硬度较深冷轧制+时效处理样品略高[图 3-42（b）]。

如图 3-43 所示，在经过峰值时效后，深冷轧制+时效处理样品的屈服强度、极限抗拉强度和延伸率相较于深冷轧制样品进一步提高，从图 3-44（k）和（l）中也可看到其具有占有更大比例的更深的韧窝和穿晶断裂。图 3-44（a）显示深冷轧制+时效处理及室温轧制+时效处理样品的 $MgZn_2$ 衍射峰数量显著增多，这说明峰值时效后样品中有更多的 η′相从基体中析出。如图 3-45 所示，轧制样品的 TEM 图像中观察到了高密度的 GP 区和 η′相，而且相比之下，深冷轧制+时效处理样品的平均沉淀尺寸比室温轧制+时效处理样品更小一些，仅为 5.23 nm。这些析出物对轧制样品的强度提高有重要意义。图 3-39 的 OM 图像显示，室温轧制+时效处理样品的微观结构中仍存在大规模的剪切带，而深冷轧制+时效处理样品和深冷轧制样品一样也没有观察到剪切带，这是因为在此温度下发生的是低温回复，仅所需热激活能较低的点缺陷发生微小迁移，晶粒基本保持原有状态，因此低温时效对剪切带的影响不大。如表 3-5 所示，根据 XRD 信息计算的位错密度结果显示，与轧制样品相比，PA 样品的位错密度大大降低，这在图 3-40（e）～（i）的 TEM 明场图像中也可以观察到。此外，时效处理后，深冷轧制样品中的许多位错缠结和位错胞已经重新排列并转变成界限分明的亚晶。这是因为动态回复时引起的位错运动，如位错偶极子相消和位错攀移，造成了位错的湮灭。尽管位错密度的降低使时效样品的位错强化效果有所减弱，但很明显，在 η′相等析出相的作用下，时效样品的综合力学性能得到了全面提升。

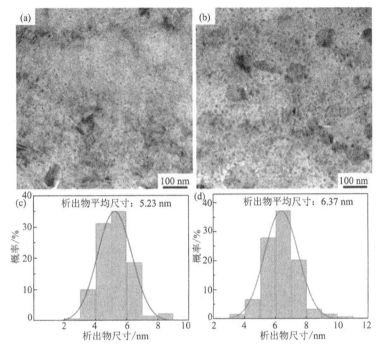

图 3-45　7075 铝合金析出相 TEM 图像：（a）深冷轧制+时效处理；（b）室温轧制+时效处理；
样品中析出相尺寸统计与分布：（c）深冷轧制+时效处理；（d）室温轧制+时效处理

参 考 文 献

[1] Yu H L, Lu C, Tieu K, Li H J, Godbole A, Zhang S H. Special rolling techniques for improvement of mechanical properties of ultrafine-grained metal sheets: A review. Adv Eng Mater, 2016, 18: 754-769.

[2] Du Q L, Li C, Cui X H, Kong C, Yu H L. Fabrication of ultrafine-grained AA1060 sheets by accumulative roll bonding with subsequent cryorolling. Trans Nonfer Met Soc China, 2021, 31: 3370-3379.

[3] Yu H L, Lu C, Tieu K, Liu X H, Sun Y, Yu Q B, Kong C. Asymmetric cryorolling for fabrication of nanostructural aluminum sheets. Sci Rep, 2012, 2: 772.

[4] Yu H L, Tieu K, Lu C, Liu X, Liu M, Godbole A, Kong C, Qin Q H. A new insight into ductile fracture of ultrafine-grained Al-Mg alloys. Sci Rep, 2015, 5: 9568.

[5] Gu H, Bhatta L, Gao H T, Li Z D, Kong C, Yu H L. Effect of cryorolling on the microstructure and high-temperature mechanical properties of AA5083 sheets. Mater Sci Eng A, 2022, 843: 143141.

[6] Bhatta L, Pesin A, Zhilyaev A P, Tandon P, Kong C, Yu H L. Recent development of superplasticity in aluminium alloy: A review. Metals, 2020, 10: 77.

[7] Wang L, Kong C, Yu H L. Mechanical property enhancement and microstructure evolution of an

Al-Cu-Li alloy via rolling at different temperatures. J Alloy Compd, 2022, 900: 163442.

[8] Fleischer R L. Substitutional solution hardening. Acta Metall, 1963, 11: 203-209.

[9] Sajjadi S A. Mechanical behavior of materials. Mashhad: Ferdowsi University of Mashhad, 2014.

[10] Yang M X, Pan Y, Yuan F P, Zhu Y T, Wu X L. Back stress strengthening and strain hardening in gradient structure. Mater Res Lett, 2016, 4: 145-151.

[11] Head A, Louat N. The distribution of dislocations in linear arrays. Aust J Phys, 1955, 8: 1-7.

[12] Li C, Xiong H Q, Bhatta L, Wang L, Zhang Z Y, Wang H, Kong C, Yu H L. Microstructure evolution and mechanical properties of an 3Al-6Cu-1Li alloy via cryorolling and aging. Trans Nonfer Met Soc China, 2020, 30: 2904-2914.

[13] Yu H L, Tieu K Lu C, Liu X H, Godbole A, Kong C. Mechanical properties of Al-Mg-Si alloy sheets produced using asymmetric cryorolling and ageing treatment. Mater Sci Eng A, 2013, 568: 212-218.

[14] Yu H L, Su L H, Lu C, Tieu K, Li H J, Li J T, Godbole A, Kong C. Enhanced mechanical properties of ARB-processed aluminum alloy 6061 sheets by subsequent asymmetric cryorolling and ageing. Mater Sci Eng A, 2016, 674: 256-261.

[15] Yang S S, Li Z D, Zhou Y X, Tan Z, Kong C, Yu H L. Edge-crack free and high mechanical properties of AA7075 sheets by using cryorolling and subsequent aging. J Alloy Compd, 2023, 931: 167556.

第4章　铜及铜合金深冷轧制

从第 2 章内容可知，铜合金材料在深冷环境中具有优异的塑性变形能力，因而，非常适合深冷轧制加工制备。本章主要介绍深冷轧制制备高纯铜、商业纯铜、难加工铜合金的应用情况。

4.1　高纯铜深冷轧制

高纯铜经常被用来研究塑性变形过程中的变形机制，其可以忽略其他合金元素对材料变形机制的影响。使用 2 mm 厚的高纯度（99.999%）铜带材作为原材料[1]。图 4-1 显示了轧制前材料的微观结构。轧制实验是在"干摩擦"条件下进行的。轧制后，将带材轧制至 0.1 mm 厚。本研究设计了四种轧制工艺：①同步轧制（symmetric rolling，SR）；②异步轧制，上下轧辊之间的轧制异速比设定为 1.2（asymmetric rolling 1.2，定义为 AR1.2）；③异步轧制，上下轧辊之间的轧制异速比设定为 1.4（AR1.4）；④深冷异步轧制，上下辊之间的轧制异速比设定为 1.4（asymmetric cryorolling 1.4，定义为 ACR1.4）。对于深冷异步轧制，在开始每道次轧制之前，用液氮冷却带材超过 8 min。在深冷异步轧制过程中，严格控制每道次的轧制压下率，深冷异步轧制后的带材温度保持在 100℃以下。

图 4-1　样品轧制前的微观结构的光学显微镜图像

　　图 4-2～图 4-5 显示了各种轧制和退火样品的微观结构（EBSD 图）。这些图显示轧制样品中的层压结构在退火过程中逐渐变成双峰结构。此外，在所有四种轧制情况下，发现晶粒沿轧制方向伸长。在晶粒内部，存在大量小角度晶界（LABs，2°<θ<15°），这可归因于形变诱导位错的扩散和排列。与常规轧制相比[图 4-2（a）]，异步轧制后的小角度晶界密度似乎更高[图 4-3（a）]。这也可以在将轧制异速比增加到 1.4 之后看到[图 4-4（a）]。此外，深冷异步轧制后似乎产生了密度更大的小角度晶界[图 4-5（a）]，表明它们诱导微观结构变化的能力更强。对于经过常规轧制的样品，在低至 50℃的温度下退火后似乎开始重结晶[图 4-2（b）]。在再结晶晶粒内部，存在一些退火孪晶，它们具有典型的层状形貌和平直的边界，这在其他一些退火铜合金中经常观察到。更多的区域似乎随着温度的升高而再结晶[图 4-2（c）～（e）]，尽管完全再结晶不会在 125℃发生。在两种热处理的情况下，发现 50℃的退火温度根本不足以引发任何再结晶，并且只有在温度升高到 75℃后才能出现一些新的核。进一步的温度升高促进了未形成的结构的再结晶，类似于同步轧制的情况（图 4-3）。图 4-5 表明，深冷异步轧制处理的结构是相对稳定的，直到退火温度升高到 100℃，在此温度以上开始出现一些再结晶晶粒。上述微观结构观察表明，在四种轧制产生的变形结构中，深冷异步轧制产生的变形结构在退火时具有最高的稳定性。

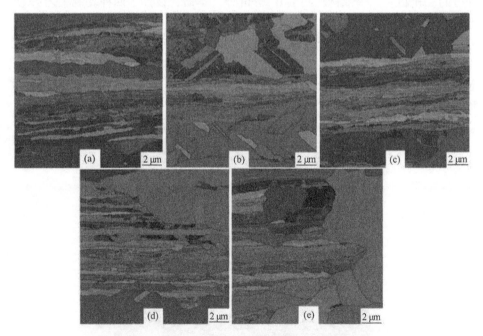

图 4-2　同步轧制高纯铜的 EBSD 图：同步轧制（a）及其在 50℃（b）、75℃（c）、100℃（d）、125℃（e）退火 1 h；黑色和灰色线分别代表 θ>15°和 2°<θ<15°的晶界

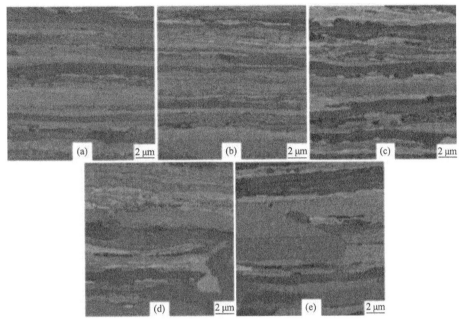

图 4-3　异步轧制（AR1.2）高纯铜的 EBSD 图：轧制（a）及其在 50℃（b）、75℃（c）、100℃（d）、125℃（e）退火；黑色和灰色线分别代表 θ>15°和 2°<θ<15°的晶界

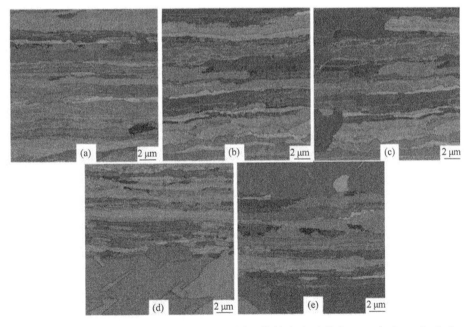

图 4-4　异步轧制（AR1.4）高纯铜的 EBSD 图：轧制（a）及其在 50℃（b）、75℃（c）、100℃（d）、125℃（e）退火；黑色和灰色线分别代表 θ>15°和 2°<θ<15°的晶界

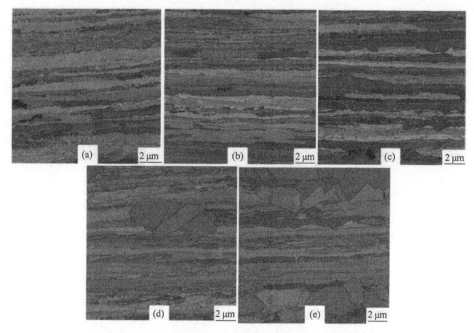

图 4-5　深冷异步轧制（ACR1.4）高纯铜的 EBSD 图：轧制（a）及其在 50℃（b）、75℃（c）、100℃（d）、125℃（e）退火；黑色和灰色线分别代表 θ>15° 和 2°<θ<15°的晶界

　　图 4-6 示出了分别在 SR、AR1.2、AR1.4 和 ACR1.4 处理之后在 100℃退火 1 h 的铜带材的透射电镜图像。图 4-6（a）显示了铜带材中粗孪晶的外观。图 4-6（b）～（d）

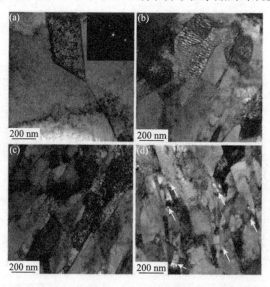

图 4-6　100℃退火 1 h 后，经过普通轧制（a）、异步轧制 1.2（b）、异步轧制 1.4（c）和深冷异步轧制 1.4（d）的高纯铜微结构的透射电镜图像

显示了样品变形区域中的晶粒形态。可以看出，ACR 制备的带材的晶粒尺寸最小，同时显示出最高的热稳定性。

图 4-7（a）和（b）显示了不同加工方法制备铜带材的工程应力-应变曲线。图 4-7（a）显示轧制的铜带材的屈服应力与接收时的铜带材相比有很大提高，从 100 MPa 增加到 405 MPa，经过 AR1.2 的铜带材增加到 420 MPa，经过 AR1.4 的

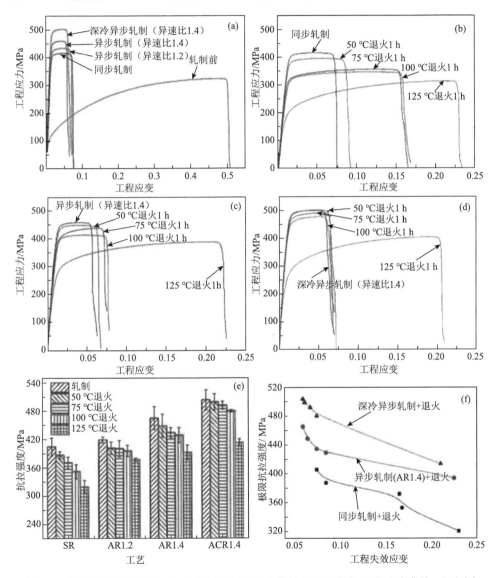

图 4-7　铜带材的机械性能。（a）轧制带材和接收带材的工程应力-工程应变曲线，（b）同步轧制及其退火，（c）AR1.4 加工及其退火，（d）ACR1.4 加工及其退火；（e）与工艺相关的抗拉强度；（f）极限抗拉强度与工程失效应变的关系

铜带材增加到 465MPa，经过 ACR1.4 的铜带材增加到 504MPa。在图 4-7（b）中，可以看出同步轧制带材的屈服应力随着退火温度的升高而降低。当退火温度为 50℃时，铜带材的屈服应力从 405 MPa 下降到 387 MPa，75℃下降到 372 MPa，100℃下降到 352 MPa，125℃下降到 320 MPa。此外，在较高的退火温度下，工程应变速率增加。图 4-7(c)示出了当退火温度从 50℃升高到 100℃时，经过 AR1.4 的铜带材的抗拉强度从 465 MPa 逐渐降低到 429 MPa，对于 125℃的退火温度，抗拉强度降低到 393 MPa。在图 4-7（d）中，可以看出对应于低于 100℃的退火温度的拉伸曲线非常相似，但是当退火温度升高到 125℃时，该曲线明显不同。当退火温度高于阈值时，机械性能的降低可能是纳米尺度晶粒快速生长的结果。图 4-7（b）～（d）示出了当退火温度低于 100℃时，经过深冷异步轧制的铜带材的机械性能更加稳定。图 4-7（e）示出了经过 SR、AR1.2、AR1.4 和 ACR1.4 的铜带材在不同温度下退火后的抗拉强度。当退火温度低于 100℃时，随着退火温度的升高，ACR 制备带材与同步轧制带材之间的抗拉强度差逐渐增大。当退火温度为 100℃时，ACR 制备带材与同步轧制带材之间的抗拉强度差达到 130 MPa。然而，当退火温度进一步增加到 125℃时，ACR 制备的带材和同步轧制带材之间的抗拉强度差减小。此外，与同步轧制带材相比，当退火温度高于 125℃时，经过 AR1.2、AR1.4 和 ACR1.4 的带材的抗拉强度的差异变得相似。图 4-7（f）示出了不同加工技术的极限抗拉强度与工程失效应变的趋势。结果表明，ACR1.4+退火工艺可以获得比普通轧制和异步轧制工艺更好的机械性能。

从上面的研究结果可知，当退火温度低于 100℃时，ACR 制备的铜带材的机械性能在退火期间略有变化，同时微观组织变化程度相对较小，因而，ACR 技术制备的样品具有更高的热稳定性。

4.2　工业纯铜深冷轧制

4.2.1　深冷异步轧制 T2 铜的塑性变形机制

对工业纯铜的深冷轧制力学性能开展研究[2]。采用 1.0 mm 的纯铜带材进行了深冷异步轧制实验，薄板在液氮温度下以 1.4 的轧制异速比轧制。经过三次深冷异步轧制后，材料厚度减少到 0.25 mm。图 4-8（a）和（b）显示了铜带材在深冷异步轧制加工前后的微观结构演变。深冷异步轧制处理后，粗晶粒细化为具有纤维结构的超细晶粒。图 4-8（c）显示了深冷异步轧制处理样品中的晶粒宽度分布情况。平均晶粒宽度被细化到 230 nm。对于 T2 铜，经大塑性变形后平均晶粒尺寸在 10～400 nm 范围内。纤维结构是由轧制引起的典型微观结构。与具有等轴微结构的超细晶材料相比，具有小角度边界的纤维结构可以具有更好的热稳定性。图 4-8（d）显示了深冷异步轧制制备的铜带材的拉伸曲线。对于超细晶铜带材，屈服应力达到最大值 425 MPa。此外，超细晶材料的均匀延伸率低，这是由于在大塑性变形后形成超细晶粒。然而，拉伸断裂后发生了相当大的颈缩，图 4-8（e）为深冷异步轧制处理的超细晶铜带材断口的扫描电镜图像，其表面上有许多深韧窝和严重的颈缩。采用面积缩减率进行计算，真失效应变达到 1.5。断裂的高真实应变和深的韧窝表明材料具有高的延展性。

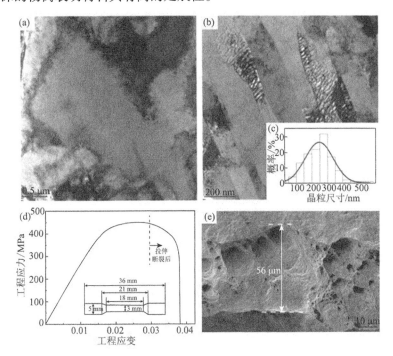

图 4-8　退火（a）和深冷异步轧制后（b）样品的微观组织的透射电镜图像；（c）深冷异步轧制样品的晶粒宽度分布；（d）超细晶铜的工程应力-应变曲线；（e）铜拉伸断口的扫描电镜图像

图 4-9 显示了拉伸实验后的断口附近区域的微观结构的形貌。在大部分区域可以看到纤维状组织结构，类似于图 4-8（b）所示的深冷异步轧制后材料的微观组织特征。然而，在断口附近存在一些粗晶区域和等轴超细晶区域。此外，断口区域附近没有发现缩孔等缺陷。

对断口表面附近局部的微观组织特征进行进一步分析，如图 4-10 所示。很明显，在拉伸实验中材料发生了晶粒细化和晶粒长大的协同变形行为。如图 4-8（e）所示，局部颈缩区显示出严重的塑性变形。在大塑性变形条件下，晶粒细化是正常的现象。因而，图中有尺寸约为 230 nm 的层状晶粒细化为尺寸为 100 nm 的等轴晶粒。与此同时，在拉伸实验中，剪切应变发生在与轧制方向呈 45°～60°的位置，这使纤维组织晶粒转变成等轴晶粒。当晶粒细化到接近理论最小可达到值的尺寸时，材料在剪切应力作用下变脆。

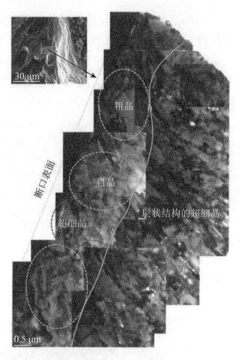

图 4-9　断口附近区域的晶粒分布透射电镜图像和扫描电镜图像

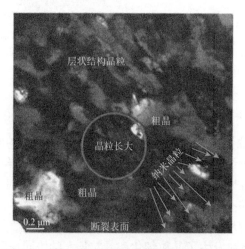

图 4-10　断口附近晶粒细化和晶粒生长的细节

　　在图 4-10 中，除了细化晶粒外，还有一些粗的等轴晶粒，尺寸约为 800 nm。由于拉伸实验中应变速率低，温度的变化可以忽略不计，因而晶粒生长是应力诱导的。尽管有一些关于拉伸变形过程中晶粒生长的报道，但本文给出了室温拉伸变形下大块超细晶铜带材晶粒生长的一个直接证据。Haslam 等[3]提出了变形过程中的两种晶粒生长机制：①晶粒旋转诱导聚结导致的生长，②曲率驱动的晶界迁移导致的生长。拉伸变形过程中，颈缩区发生严重的剪切变形。根据 Cahn-Taylor 模型，沿晶界的剪切应力决定晶粒生长，其中总自由能的变化率（$\dot{F}_{\text{total}}$）如下所示：

$$\dot{F}_{\text{total}} = -2\pi r(p_n v_n + p_s v_s) \tag{4-1}$$

式中，r 为晶粒半径；p_n 和 p_s 被定义为晶界迁移和晶界滑动的驱动力；v_s 为晶界滑动速度；v_n 为晶界迁移速度。在颈缩区，驱动力随着剪切应力梯度的增加而增加，导致晶粒长大。一般来说，很难使纤维组织结构的晶粒发生大角度旋转。然而，通过深冷异步轧制生产的材料中晶粒的取向程度较低，更容易允许晶粒长大。如图 4-10 中圆圈所示，一些纤维状晶粒即将合并。在这一区域，层状晶粒被细化为具有高位错密度的较小等轴晶粒。剪切应变的进一步增加可能导致该区域不稳定性增加，破坏沿剪切带的结构。这将导致随后在晶界迁移和滑动以及晶粒旋转的组合下在剪切带中形成粗晶粒。与超细晶粒相比，粗晶粒可以承受更大的位错密度，从而产生应变硬化，这可以承受更多的变形。因此，如果在拉伸变形期间晶粒细化和晶粒生长之间有良好的平衡，材料将显示出高强度和高延展性。

4.2.2　深冷异步轧制 T2 铜的低温退火性能

在上述研究的基础上，进一步对比分析了异步轧制与深冷异步轧制 T2 铜带材的低温退火性能[4]。分别通过异步轧制和深冷异步轧制制造超细晶 T2 铜带材。轧制前材料的厚度为 1 mm。异步轧制实验在室温下进行，上下辊轧制异速比设定为 1.3。对于深冷异步轧制，带材在开始轧制之前用液氮冷却 8 min 以上。再次将上下辊的轧制异速比设为 1.3。在第一、第二和第三道次轧制后，铜带材厚度逐渐减小到 0.65 mm、0.45 mm 和最后 0.25 mm。轧制后，将一半轧制的带材放在一边进行机械测试，剩下的一半在 373 K 下退火 1 h。

图 4-11（a）显示了铜的退火微观结构。图 4-11（b）和（c）分别显示了异步轧制处理铜带材和异步轧制+退火处理铜带材的 TEM 图像。在异步轧制过程中，退火的微观结构被轧制成具有许多亚晶界的层压微观结构。尽管在低温退火条件下，这些亚晶粒被认为是不稳定的，并且被认为会合并成更粗的晶粒，如图 4-11（c）所示。图 4-11（d）显示了深冷异步轧制处理的铜带材的 TEM 图像。在深冷异步轧制期间，材料似乎显示出层压微结构，层压板之间具有清晰的晶界。此外，经过深冷异步轧制的材料中的层压板厚度比经过异步轧制的薄得多。对于经过深冷异步轧制的带材，平均层压厚度减少到 245 nm，而在经过异步轧制的带材中为 580 nm。图 4-11（e）给出了深冷异步轧制+退火铜带材的 TEM 图像。与退火前的显微组

织相比，晶界形状略有变化，而叠层厚度没有变化。此外，在图 4-11（c）和（e）中，很明显，经过深冷异步轧制处理的铜带材中的叠层微观结构与经过异步轧制处理的铜带材相比更加稳定。

图 4-11　T2 铜带材微观组织：（a）退火带材；（b）异步轧制带材；（c）异步轧制+退火带材；（d）深冷异步轧制带材；（e）深冷异步轧制+退火带材

采用 INSTRON 拉伸试验机对材料的力学性能进行测试，应变速率为 $1.0 \times 10^{-3} \, s^{-1}$。图 4-12（a）显示了铜带材的工程应变与应力曲线。轧制前铜带材的极限抗拉强度为 285 MPa，轧制后大幅增加。异步轧制后，极限抗拉强度为 434 MPa，深冷异步轧制后增加到 445 MPa。退火后，异步轧制的带材的极限抗拉强度降至 420 MPa。然而，深冷异步轧制的带材极限抗拉强度增加到 467 MPa。深冷异步轧制+退火带材和异步轧制+退火带材的极限抗拉强度差异达到 47 MPa。图 4-12（b）显示了四种铜带材的显微硬度值。在异步轧制后，材料的显微硬度为（131±1）HV，而深冷异步轧制材料的显微硬度为（135±1）HV。退火后，异步轧制材料的显微硬度降低到（129±1）HV。然而，深冷异步轧制制备的薄板的显微硬度增加到（136±1）HV。很明显，低温退火过程中材料显微硬度的变化与低温退火过程中材料的极限抗拉强度变化是相似的。

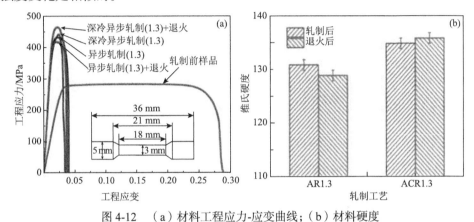

图 4-12   （a）材料工程应力-应变曲线；（b）材料硬度

图 4-13（a）和（b）分别显示了经过异步轧制和异步轧制+退火的拉伸测样品品的断口。图 4-13（a）和（b）中，拉伸实验断口呈颈缩，断口表面有较深的韧窝。此外，经过异步轧制和异步轧制+退火的材料之间的断裂表面看起来非常相似。图 4-13（c）和（d）分别显示了经过深冷异步轧制和深冷异步轧制+退火的拉伸测样品品的断口。这两种带材的断裂都是由剪切造成的，这与经过异步轧制和异步轧制+退火的带材完全不同。此外，经过深冷异步轧制+退火的样品在断口表面有一些韧窝，这意味着在退火过程中带材的延展性有所提高。通常，颈缩断裂模型和剪切断裂模型都可以产生良好的延展性。由于体积守恒，最终的横截面积（A_{final}）可以转换为真实的断裂应变，如式（4-2）所示。

$$\varepsilon_{axial} = \ln(A_{initial} / A_{final}) \qquad (4-2)$$

式中，$A_{initial}$ 为拉伸实验前的横截面积。根据式（4-2），异步轧制带材的真实断裂应变为 1.8，低温退火后增加到 1.9。深冷异步轧板的真实断裂应变为 1.4，低温退火后增加到 1.5。如图 4-12（a）所示，不同制造工艺的样品延伸性差异很小。

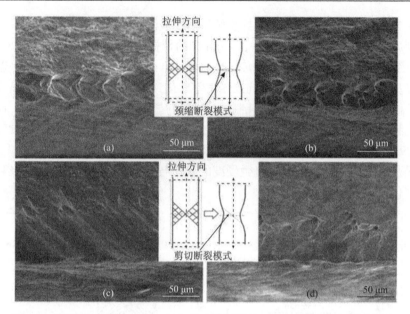

图 4-13　拉伸断口形貌 SEM：（a）异步轧制样品；（b）异步轧制+退火样品；
（c）深冷异步轧制样品；（d）深冷异步轧制+退火样品

　　图 4-12 表明，经过深冷异步轧制后的铜带材与经过异步轧制的铜带材相比，具有优越的机械性能。图 4-11 显示了异步轧制后材料中存在许多亚晶粒。然而，在深冷异步轧制的带材中，深冷环境限制了位错运动并导致材料具有更细的晶粒尺寸。经过异步轧制的铜带材的平均晶粒厚度为 580 nm，经过深冷异步轧制的铜带材的平均晶粒厚度减少到 245 nm。根据 Hall-Petch 方程，更细的晶粒尺寸将有助于更高的强度。在这项研究中注意到的退火过程中铜带材强度的变化很有趣。一般来说，退火过程中晶粒长大，位错密度降低，这将导致强度降低。图 4-12 同样表明，异步轧制的铜带材的抗拉强度和显微硬度在退火后均降低。如图 4-11（b）和（c）所示，亚晶界合并形成较大的晶粒，这导致材料软化。然而，深冷异步轧制带材在退火后强度增加。Huang 等[5]观察到纳米结构金属可以通过退火硬化。Valiev 等[6]发现，由于晶界结构的变化，高压扭转制备的纳米晶钛材料在低温退火后强度和延展性均提高。如图 4-11（d）所示，在深冷异步轧制的带材中，晶界平行于轧制方向。然而，在图 4-11（e）中，深冷异步轧制+退火的带材中的晶界变得弯曲。很明显，退火过程中晶界的轻微变化有助于提高材料的抗拉强度和硬度。除了晶界形状的变化外，还可以看到一些晶粒在退火过程中发生再结晶，如图 4-14（a）所示。位错在退火过程中减少，这有助于提高材料的韧性。此外，在退火后的显微组织中发现了一些孪晶，如图 4-14（b）所示。因此，深冷异步轧制+退火带材中的孪晶有助于提高材料的抗拉强度和显微硬度。

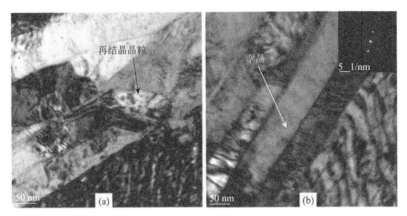

图 4-14　深冷异步轧制+退火后材料的微观组织:(a)再结晶晶粒;(b)孪晶

4.3　铜合金深冷轧制

采用铸轧工艺制得的 CuNiSn 带坯,其电子显微探针(EMPA)分析结果如图 4-15 所示[7]。在带坯截面上可以看到靠近带坯表面的粗大晶体结构[图 4-15(a)]。在元素分布上[图 4-15(b)~(d)],Cu、Ni 和 Sn 三种元素分布相对均匀。但从 Sn 元素分布上可以看到梯度分布的现象:在距离表面 0~0.5 mm 的区域范围内,Sn 弥散分布;在距离表面 0.5~1.0 mm 的区域范围内,Sn 聚集较为明显;而在靠近带坯中心的位置,Sn 的数量骤减。

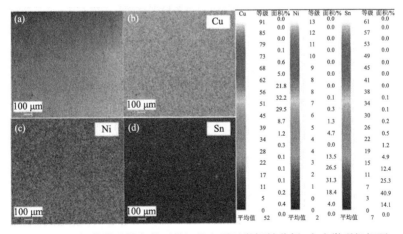

Cu 等级	面积/%	Ni 等级	面积/%	Sn 等级	面积/%
91	0.0	13	0.0	61	0.0
85	0.0	12	0.0	57	0.0
79	0.1	11	0.0	53	0.0
73	0.6	10	0.0	49	0.0
68	5.0	9	0.0	45	0.0
62	21.8	8	0.0	41	0.0
56	32.2	8	0.1	34	0.1
51	29.5	7	0.3	30	0.1
45	8.7	6	1.3	26	0.2
39	1.2	5	4.7	22	0.5
34	0.3	4	13.5	19	1.2
28	0.1	3	26.5	15	4.9
22	0.1	2	31.3	11	12.4
17	0.1	1	18.4	7	25.3
11	0.1	0	4.0	3	40.9
5	0.4				14.1
平均值 52	0.0	平均值 2	0.0	平均值 7	0.0

图 4-15　双辊薄带连铸条件下带坯的电子显微探针分析:(a)微观组织照片;(b~d)Cu(b)、Ni(c)和 Sn(d)元素分布

CuNiSn 合金在热轧和室温轧制过程中经常出现裂纹。在这里,使用了尺寸为 60 mm×100 mm×2 mm 的铸轧 CuNiSn(Ni-9.0-Sn-6.0-Cu-Bal)带材开展研究。

铸轧 Cu_9Ni_6Sn 带材在 773 K 的电阻加热炉中固溶处理 1 h，然后进行水淬。轧制前铸轧样品的显微组织如图 4-16（b）所示，其微观组织可以分为“细粒层-粗粒层-细粒层”。如图 4-16（a）所示，对铸轧带材进行异速比为 1.2 的异步热轧（573 K）、异步轧制（293 K）和深冷异步轧制（173 K 和 83 K）的轧制实验。每道次的压下

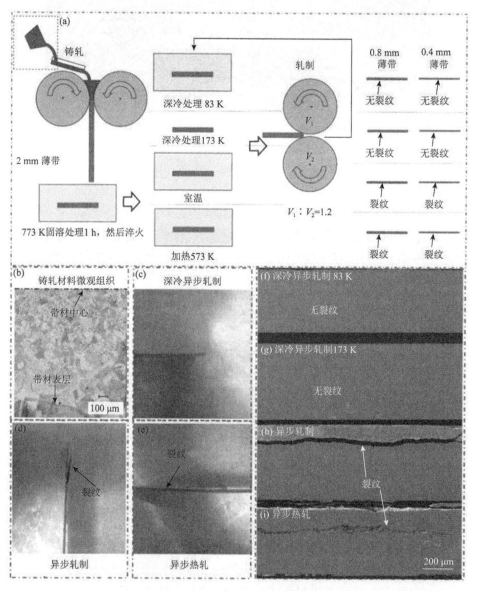

图 4-16　（a）铸轧与随后轧制示意图；（b）铸轧带材微观组织；（c）深冷异步轧制、（d）异步轧制、（e）异步热轧带材宏观形貌；（f）83 K 深冷异步轧制、（g）173 K 深冷异步轧制、（h）异步轧制和（i）异步热轧制备带材界面 SEM 图像

率为 5%，轧制实验在干摩擦下进行。在第 18 道次和第 31 道次后，带材分别轧制成 0.8 mm（总压下率 60%）和 0.4 mm（总压下率 80%）的厚度。对于深冷异步轧制，在每次轧制之前，将带材保持在低温容器（173 K 和 83 K）中 10 min。对于异步热轧，带材在每次轧制前在 573 K 下加热 5 min[8]。

图 4-16（c）～（e）给出了不同轧制工艺制备的带材。异步热轧和异步轧制带材均存在明显的宏观裂纹，而深冷异步轧制带材未出现裂纹。图 4-16（f）～（i）显示了轧制样品带材截面的扫描电子显微镜图像。对于轧制压下率为 60% 的深冷异步轧制，RD-ND 平面上未观察到裂纹，表现出材料变形性能良好；然而，对于异步热轧和异步轧制的带材，在带材中间层沿 RD 方向观察到明显的裂纹。值得注意的是，对于通过异步热轧和异步轧制加工的带材，在拉伸样品的线切割过程中，一些样品直接分成两层。对于铜合金，与室温相比，它们在深冷环境中的延展性增加。因此，深冷环境下增强的延展性有助于减少轧制过程中 CuNiSn 带材中裂纹的产生。

图 4-17 显示了轧制样品的 EBSD 图像。对于异步热轧带材［图 4-17(d)和(h)］，变形不均匀，出现明显的局部严重剪切带。随着轧制温度的降低，变形逐渐变得均匀。对于在 83 K 下进行深冷异步轧制的带材［图 4-17（a）和（e）］，样品中的变形线分布更均匀，这意味着与带材相比，经过深冷异步轧制的带材中 CuNiSn 合金的变形变得更加均匀。与深冷异步轧制带材相比，当压下率从 60% 提高到 80% 时，异步热轧带材的严重剪切带略有变化。在严重的塑性变形过程中，裂纹通常始于铜合金的剪切带。这是因为在剪切带中，晶粒比其他区域细得多（图 4-17）。随着材料晶粒尺寸降低，材料的韧性会降低。当晶粒尺寸小于某个值时，这些区域很容易产生裂纹。此外，当压下率相同时，深冷异步轧制（83 K）带材的平均晶粒尺寸与所有其他带材相比是最细的，这导致通过深冷异步轧制制备的 CuNiSn 带材具有高强度和硬度特性。

图 4-17　轧制带材微观组织 EBSD 图像：（a）深冷异步轧制 83 K-60%；（b）深冷异步轧制 173 K-60%；（c）异步轧制-60%；（d）异步热轧-60%；（e）深冷异步轧制 83 K-80%；（f）深冷异步轧制 173 K-80%；（g）异步轧制-80%；（h）异步热轧-80%

　　图 4-18 显示了压下率为 60%的轧制带材的能量色散光谱（EDS）分析结果。对于在 83 K 和 173 K 下进行深冷异步轧制的带材，Cu、Ni 和 Sn 元素分布均匀[图 4-18（a1）～（d2）]。深冷环境有利于阻碍元素移动，从而阻止了轧制过程中的带材内部 Sn 偏析。然而，对于经过异步轧制和异步热轧的带材，Sn 元素偏析出现在裂纹表面区域附近，如图 4-18（a3）～（d4）所示。在铜合金中，分布不均匀的富 Sn 相容易产生裂纹。尽管铸轧 CuNiSn 带材的某些点存在轻微的 Sn 元素偏析（图 4-15），但没有出现线状 Sn 元素偏析区域。因此，在异步轧制和异步热轧过程中出现的 Sn 偏析导致 CuNiSn 带材中的裂纹萌生和扩展。在图 4-17 中，异步热轧带材和异步轧制带材中出现了严重的剪切带。在绝热

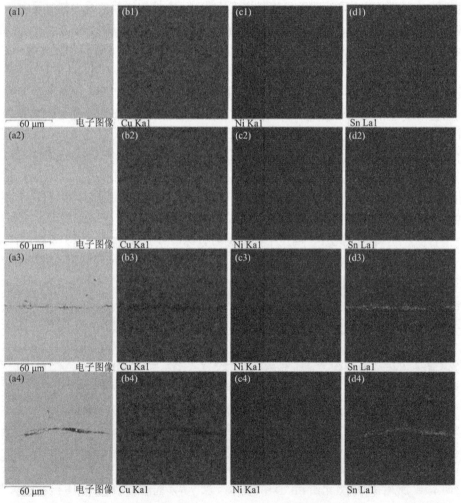

图 4-18　轧制压下率为 60%的带材 EDS 的 Cu、Ni 和 Sn 元素分布：（a1～d1）深冷异步轧制 83 K；（a2～d2）深冷异步轧制 173 K；（a3～d3）异步轧制；（a4～d4）异步热轧

剪切带区域,温度上升很快,甚至可以接近合金的熔化温度,从而导致 Sn 元素移动和偏析。随着进一步的轧制过程,这些区域会出现裂纹。

图 4-19(a)和(b)显示了所研究的带材在轧制后的硬度。与轧制前带材的硬度(约 130 HV)相比,轧制带材的硬度大大提高。在图 4-17 中,轧制后晶粒变得更细,而变形引起的位错有助于加工硬化,这两者都决定了硬度的提高。同时,深冷异步轧制带材大部分位置的硬度值均高于异步热轧和异步轧制带材的硬度值。CuNiSn 合金的硬度将有助于提高合金的耐磨性,这将增加 CuNiSn 产品的使用寿命。此外,表面区域和中间区域的硬度明显高于两者的过渡区域。当压下率为 60%时,异步热轧带材的最低硬度(60 HV)几乎是表层区域(约 260 HV)的四分之一,而过渡区域(229 HV)的硬度低于异步轧制合金中表层区域(255 HV)的硬度,其值小于铸轧带材,表明这些区域出现裂纹。带材硬度的变化意味着在异步热轧过程中变形不均匀,这证实了图 4-17 所示的结果;然而,当合金带材通过深冷异步轧制(173 K-60%和 83 K-60%)加工时,合金带材中过渡区域的硬度几乎等于表层和中心区域的硬度,这进一步证实了经深冷异步轧制的带材的变形均匀、无裂纹缺陷。

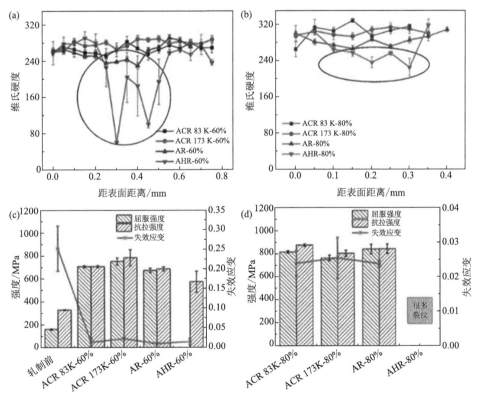

图 4-19 轧制带材力学性能:(a,b)轧制压下率为 60%和 80%的带材硬度分布;
(c,d)轧制压下率为 60%和 80%的带材屈服强度、抗拉强度与失效应变

　　图 4-19（c）和（d）显示了拉伸测样品品的屈服强度、极限抗拉强度和失效应变。轧制前得到最低屈服强度 159 MPa，最低极限抗拉强度 332 MPa，最佳延展性 26.8%。轧制后，屈服强度和极限抗拉强度急剧增加，而延展性下降明显。这些趋势随着压下率的增加而持续存在，主要是由于细化晶粒、累积的形变引起的位错和织构强化的增加。当合金带材厚度减小到 0.8 mm 时，深冷轧制带材的屈服强度和极限抗拉强度优于异步轧制和异步热轧加工的带材。同时，深冷异步带材的延展性优于在室温下轧制的带材。在压下率为 60% 的带材中，以 173 K 加工的薄板力学性能最好，屈服强度为 757 MPa，极限抗拉强度为 789 MPa，延展性为 2.4%。当带材厚度减小到 0.4 mm 时，在 83 K 下深冷异步轧制加工的带材显示出最高的极限抗拉强度（879 MPa）。深冷异步轧制在 173 K 和 83 K 之间带材力学性能的变化可能受到异质结构中背应力的影响，这可能是铸轧带材的微观结构继承（铸轧带材的晶粒分布来自表层至中间层为"细粒层-粗粒层-细粒层"）。但很明显，深冷异步轧制不仅减少了裂纹的出现，而且改善了 CuNiSn 带材的机械性能。

参 考 文 献

[1] Yu H L, Wang L, Chai L J, Li J T, Lu C, Godbole A, Wang H, Kong C. High thermal stability and excellent mechanical properties of ultrafine-grained high-purity copper sheets subjected to asymmetric cryorolling. Mater Charact, 2019, 153: 34-45.

[2] Yu H L, Lu C, Tieu K, Li H J, Godbole A, Kong C, Zhao X. Simultaneous grain growth and grain refinement in bulk ultrafine-grained copper under tensile deformation at room temperature. Metal Mater Trans A, 2016, 47: 3785-3889.

[3] Haslam A J, Moldovan D, Yamakov V, Wolf D, Phillpot S R, Gleiter H. Stress-enhanced grain growth in a nanocrystalline material by molecular-dynamics simulation. Acta Mater, 2003, 51: 2097-2112.

[4] Yu H L, Du Q L, Godbole A, Lu C, Kong C. Improvement in strength and ductility of asymmetric-cryorolled copper sheets under low-temperature annealing. Metal Mater Trans A, 2018, 49: 4398-4403.

[5] Huang X, Hansen N, Tsuji N. Hardening by annealing and softening by deformation in nanostructured metals. Science, 2006, 312: 249-251.

[6] Valiev R Z, Sergueeva A V, Mukherjee A K. The effect of annealing on tensile deformation behavior of nanostructured SPD titanium. Sci Mater, 2003, 49: 669-674.

[7] Tang D L, Wang L, Li J, Wang Z F, Kong C, Yu H L. Microstructure, element distribution and mechanical property of Cu_9Ni_6Sn alloys by conventional casting and twin-roll casting. Metal Mater Trans A, 2020, 51: 1469-1474.

[8] Wang L, Tang D L, Kong C, Yu H L. Crack-free Cu_9Ni_6Sn strips via twin-roll casting and subsequent asymmetric cryorolling. Materialia, 2022, 21: 101283.

第 5 章 深冷轧制钛及钛合金

钛元素在地壳中的含量排名第九，在结构金属中更是能排到第四，位于铝、铁和镁之后。钛及其合金由于具有比强度高、密度小、耐腐蚀、耐高温等特点，因而无论是在航空航天、深海工程、装甲、武器、医疗还是日常生活中都能发现钛和钛合金的应用。近年来，在航空航天、能源开发以及军工产业等领域，对于钛合金材料提出了更高的要求。本章主要介绍采用深冷轧制制备高力学性能钛（TA2）及钛合金 TC4（Ti-6V-4V）。

5.1 深冷轧制纯钛及其退火性能

5.1.1 深冷轧制对纯钛及退火性能的影响

采用室温轧制和深冷轧制对 1.5 mm 的工业纯钛进行实验，制备出 0.4 mm 的薄带，然后将带材在 250℃、275℃、300℃、325℃和 350℃退火 1 h[1]。图 5-1 所示为轧制前钛带材的 TEM 图像。轧制前，材料具有大尺寸的等轴晶组织，与此同时，材料内部有一定数量的残余位错。电子选区衍射（SAD）图案显示尖锐的圆点，这是退火金属的典型特征，没有明显的应变。

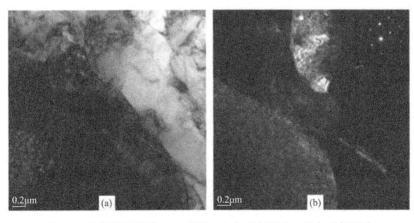

图 5-1 轧制前钛带材 TEM 图像：（a）明场照片；（b）暗场照片

图 5-2（a）所示为未经退火的室温轧制样品的 TEM 图像，其呈现典型的严重变形结构，具有高密度缠结位错单元的小畴微观结构。SAD 结果显示为具有大应变的受损晶体结构的分散圆弧。SAD 结果中仍然可以看到一些弱点，这意味着在某些区域内仍然存在一些有序的晶体结构。图 5-2（b）给出了在 275℃下退火 1 h 的样品，它具有再结晶的明显特征。一些小的透明晶粒区域是可以观察到的，但晶粒尺寸几乎没有变化。SAD 结果为一些点状图案与短分散的圆弧，意味着样品处于再结晶的初始阶段。图 5-2（c）和（d）结果显示，随着退火温度升高，晶粒尺寸轻微增加，缠结位错组织减少，再结晶区域增加。在 350℃退火温度下，样品中已存在一些粗大的晶粒。

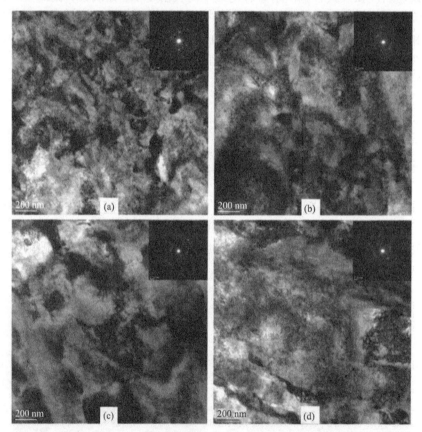

图 5-2　钛带材微观组织 TEM 及 SAD 图像：（a）室温轧制；（b~d）275℃、
325℃和 350℃退火 1 h

图 5-3 给出了样品经过深冷轧制和随后退火处理后的 TEM 图像。未经热处理的深冷轧制样品，微观结构呈现出典型的严重变形结构，具有小畴和高密度的缠结位错单元[图 5-3（a）]。对应的 SAD 结果显示其具有有限应变的变形晶

体结构的散点加圆弧。图 5-3（b）给出了在 275℃下退火 1 h 的样品的微观组织。在 TEM 图像上没有明显的证据表明发生了再结晶行为。但 SAD 结果显示了这组样品在低折射率衍射斑出现了一组分散的闪光点。这证明了材料中存在层状有序纳米片结构，其可能是由相同的原始晶粒转变而来。这种层状有序纳米片的均匀分布会形成强大的钉扎作用，进而阻止或延迟低温热处理过程中正常晶体再结晶行为，并显著增强材料的强度。在图 5-3（c）和（d）中，随着退火温度的升高，依然没有明显的再结晶行为。

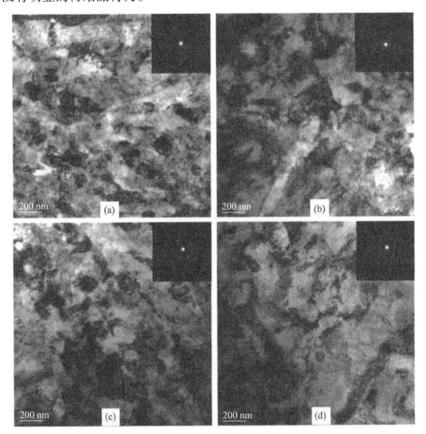

图 5-3　钛带材 TEM 及 SAD 图像：（a）深冷轧制；（b～d）275℃、325℃和 350℃退火 1 h

晶粒尺寸决定了超细晶钛带材的力学性能。在图 5-2 和图 5-3 中，经过深冷轧制和退火的样品的晶粒尺寸小于经室温轧制和退火的样品。图 5-4 和图 5-5 给出了经过深冷轧制和室温轧制以及随后退火的材料的晶粒尺寸分布。经过深冷轧制的钛带材的平均晶粒尺寸为 85.5 nm[图 5-4（a）]，经 275℃退火 1 h 后略微增加到 89.8 nm[图 5-4（b）]。在 350℃退火 1 h 后，平均晶粒尺寸增加到 193.3 nm[图 5-4（d）]，这仍然小于室温轧制后未经退火的钛带材的晶粒尺寸

（217.7 nm）[图 5-5（a）]。对室温轧制带材，退火后平均晶粒尺寸随温度升高显著增加。在 350℃退火 1 h 后增加到 538.5 nm[图 5-5（d）]。

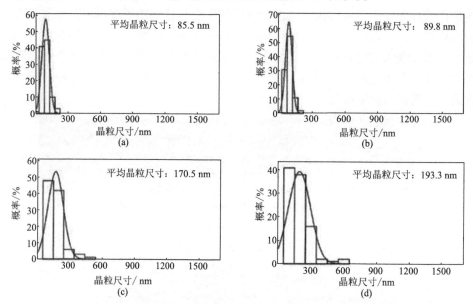

图 5-4　深冷轧制与退火处理钛带材晶粒尺寸统计：（a）深冷轧制；
（b~d）275℃、325℃和 350℃退火 1 h

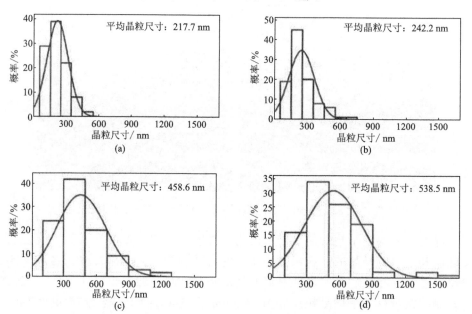

图 5-5　室温轧制与退火处理钛带材晶粒尺寸统计：（a）室温轧制；
（b~d）275℃、325℃和 350℃退火 1 h

图 5-6 给出了通过室温轧制、深冷轧制及其随后的退火处理的材料力学性能。在图 5-6（a）中，随着退火温度从 250℃升高到 350℃，室温轧制钛带材的屈服应力和极限抗拉强度逐渐降低，但工程失效应变增加。在图 5-6（b）中，与室温轧制钛带材相比，深冷轧制钛带材在退火过程中的抗拉强度降低，但抗拉强度的降低值相对较小。此外，在 250~350℃的退火过程中，工程失效应变略有变化。图 5-6（c）显示了经过不同处理的钛带材的极限抗拉强度。室温轧制和深冷轧制钛带材的极限抗拉强度分别为 1036 MPa 和 1133 MPa。随着退火温度从 250℃增加到 350℃，室温轧制钛带材的极限抗拉强度从 1036 MPa 线性降低到 909 MPa，深冷轧制钛带材的极限抗拉强度从 1133 MPa 降低到 995 MPa。当退火温度低于 325℃时，室温轧制和深冷轧制钛带材在退火过程中的极限抗拉强度降低率均小于 10%。当退火温度为 350℃时，降低率分别增加到 12.2%和 12.1%。在图 5-6（d）中，深冷轧制钛带材极限抗拉强度与工程失效应变曲线始终处于室温轧制钛带材曲线的上方，这意味着经深冷轧制+低温退火的钛带材可以获得更高的机械性能。

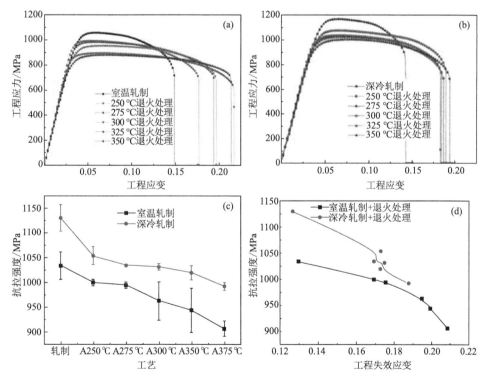

图 5-6　钛带材的力学性能：（a，b）室温轧制、深冷轧制及其退火后带材工程应力-应变曲线；（c）极限抗拉强度与工艺的关系；（d）带材极限抗拉强度与工程失效应变的关系

图 5-7 给出了经上述工艺处理的钛带材的硬度变化情况。轧制前钛带材的硬度为 168 HV，室温轧制后增加到 252 HV，深冷轧制后增加到 266 HV。在退火过

程中，室温轧制和深冷轧制钛带材的硬度随着退火温度的升高而逐渐降低，这与图 5-6（c）中的变化规律相似。此外，在 325℃下对深冷轧制的材料进行退火后的硬度降低到 258 HV，但仍然高于室温轧制钛带材的硬度。对于室温轧制样品，在 325℃和 350℃退火 1 h 后，显微硬度分别降低到 241 HV 和 235 HV。

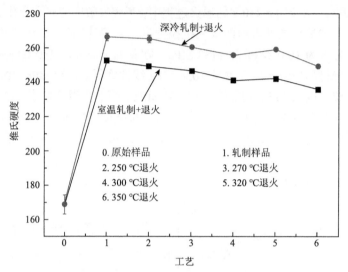

图 5-7　不同工艺制备的钛带材硬度分析

5.1.2　深冷异步轧制纯钛及其退火性能

对退火处理的纯钛进行深冷异步轧制[2]，总压下率为 50%。图 5-8 是轧制前钛带材的 EBSD 结果。图 5-8（a）的 IPFz+GB 图表明轧制前钛带材的微观结构主要是粗等轴晶粒，面积加权平均晶粒尺寸为 18.47 μm[图 5-8（b）]。从图 5-8（c）中的 KAM 图可知，样品中的位错密度较低。根据计算公式，$\rho = \dfrac{2\theta}{ub}$，式中，$\theta$ 为从 EBSD 数据中获得的取向差角，为 6.83×10^{-4} rad；u 为 EBSD 测试的步长，此处为 60 nm；b 为伯氏矢量，此处为 0.29506 nm。计算得其位错密度为 7.716×10^{13} m^{-2}。从图 5-8（d）可以看出，大多数取向差角是随机分布的。

图 5-9 显示了深冷异步轧制和室温轧制纯钛带材的 TEM 图像。经过深冷异步轧制和室温轧制后，纯钛的晶粒被拉长，大量位错堆积，如黄色箭头所指示的位错胞和位错缠结。晶粒尺寸分布的统计结果如图 5-9（b）和（d）所示。深冷异步轧制样品的平均晶粒尺寸为 0.46 μm，室温轧制样品的平均晶粒尺寸为 0.89 μm，前者仅为后者的一半。此外，室温轧制样品中的晶粒取向大致相同，而深冷异步轧制样品中的晶粒被剪切带穿过，图 5-9（a）中的剪切带如白色箭头表示。

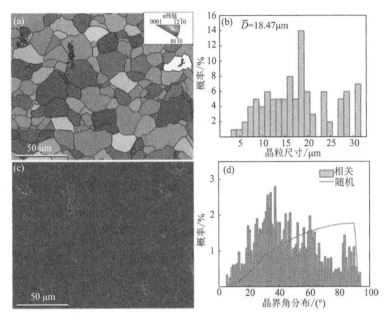

图 5-8　钛带材轧制前 EBSD 结果：（a）IPFz+GB 图；（b）晶粒尺寸分布；
（c）KAM 图；（d）取向差角分布

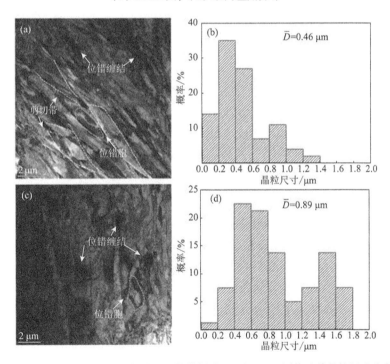

图 5-9　深冷异步轧制（a）和室温轧制（c）纯钛带材微观组织 TEM 图像及其晶粒尺寸分布（b, d）

　　图 5-10 给出了 200℃退火后深冷异步轧制和室温轧制钛带材的微观结构。退火样品仍然保留了大部分轧制组织。例如，IPFz+GB 图所示的平行于轧制方向的细长晶粒和平行于⟨0001⟩的红色或近红色的晶粒。就晶粒尺寸而言，室温轧制后退火和深冷异步轧制后退火样品都含有许多小于 1 μm 的细晶，占总数的一半以上。深冷异步轧制后退火样品的最大晶粒尺寸为 4.93 μm，远小于室温轧制后退火样品的最大晶粒的尺寸（10.86 μm）。就平均晶粒尺寸而言，深冷异步轧制后退火样品仅为 1.84 μm，室温轧制后退火样品为 5.66 μm。如图 5-10（c）和（f）的 KAM 图所示，具有较高应变和位错密度的绿色像素点主要分布在晶界处。与图 5-10（f）相比，图 5-10（c）中的绿色像素点分布更均匀。θ 在深冷异步轧制后退火和室温轧制后退火的钛带材中，分别为 1.121×10^{-2} rad 和 1.048×10^{-2} rad。相应地，计算的位错密度分别为 1.266×10^{15} m^{-2} 和 1.184×10^{15} m^{-2}。

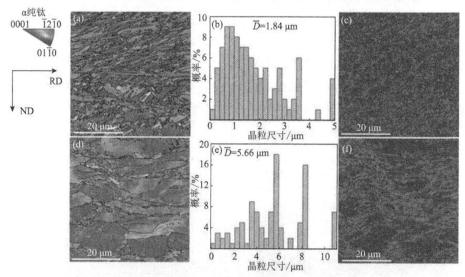

图 5-10　深冷异步轧制和室温轧制钛带材退火后微观组织：（a，d）IPFz+GB 图；
（b，e）晶粒尺寸分布图；（c，f）KAM 图

　　图 5-11（a）所示为轧制和退火样品的 X 射线衍射图（XRD）。图 5-11（b）显示了通过 Williamson-Hall 方法计算的位错密度和微应变结果。XRD 计算的位错密度与 EBSD 计算的位错密度具有较好的一致性。轧制前钛带材位错密度为 7.01×10^{13} m^{-2}。在深冷异步轧制和室温轧制后，钛带材的微应变从 0.92×10^{-3} 分别增加到 2.98×10^{-3} 和 2.43×10^{-3}，位错密度显著增加到 10^{15} 数量级。退火后，位错密度分别下降到 5.67×10^{14} m^{-2}、4.94×10^{14} m^{-2}，微应变分别下降到 1.68×10^{-3}、1.65×10^{-3}。从图 5-11（c）可以看出，轧制前样品中（0002）和（$10\bar{1}1$）面比其他晶面具有更高的衍射相对强度。轧制后，这两个峰相对强度显著降低，且深冷异步轧制样品

相对强度低于室温轧制样品。对于图 5-11（d）中（11$\bar{2}$0）晶面，其相对强度在深冷异步轧制后增加，但在室温轧制样品中略有降低。低温短时退火后，深冷异步轧制后退火样品的（11$\bar{2}$0）峰值强度仍高于室温轧制后退火样品。室温轧制后样品在退火后（0002）晶面恢复到较高的相对强度，而深冷异步轧制后退火的样品则变化不明显。

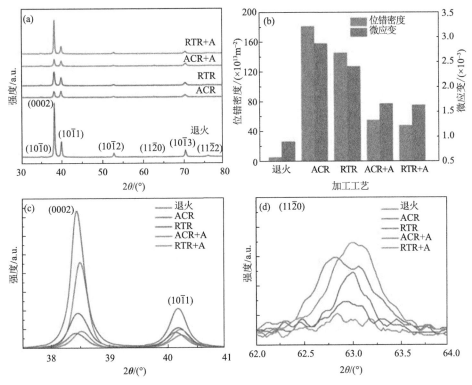

图 5-11　　（a）钛带材的 X 射线衍射图；（b）位错密度和微应变；
（c）（0002）和（10$\bar{1}$1）峰；（d）（11$\bar{2}$0）峰

　　根据上述 XRD 结果，与初始样品相比，在轧制和退火过程中，样品的织构一定发生了显著变化。将取向差角分布与 Mackenzie 随机曲线进行比较，二者的差距说明其中存在很强的织构。图 5-12 显示了轧制前钛带材、深冷异步轧制后退火和室温轧制后退火的极图。从图 5-12（a）可以看出，轧制前样品中存在双峰基底织构，最大织构强度为 11.40，这是退火钛带材的典型组织。轧制及退火后，双峰基底织构似乎完全消失，并生成新的织构。如图 5-12（b）和（c）所示，在深冷异步轧制后退火和室温轧制后退火样品中，c//ND 织构的最大强度分别为 19.89 和 16.32。通过 Aztec 软件分析，可以看出，由织构密度最大点表示的晶粒方向与⟨0001⟩方向平行，如图 5-12（d）和（e）所示。在深冷异步轧制后退火和室温轧制后退火的样品中，这种织构成分的分数分别为 19.6% 和 24.7%。

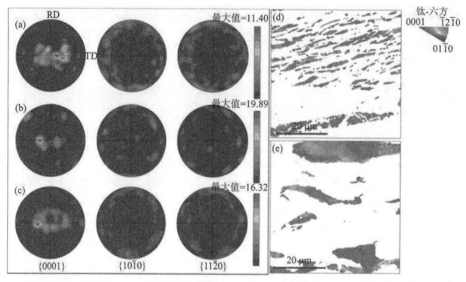

图 5-12　轧制前（a）、深冷异步轧制（b，d）和室温轧制后（c，e）退火样品的极图及其织构密度最大值点晶粒取向图

图 5-13（a）和（b）显示了轧制前、轧制后以及其随后的低温退火后钛带材的拉伸力学性能。轧制前钛带材的屈服强度为（413±2）MPa，断裂延伸率为 27.6%±2.0%。在深冷异步轧制和室温轧制后钛带材的屈服强度分别达到（892±13）MPa 和（722±21）MPa。与室温轧制样品相比，深冷异步轧制样品的强度高出 24%，轧制后钛带材的断裂延伸率降低到 6.0%±0.9% 和 7.2%±2.6%。随后的低温退火后，深冷异步轧制后退火和室温轧制后退火样品的屈服强度分别下降至（741±7）MPa 和（647±13）MPa，但塑性提高近 100%，断裂延伸率分别为 13.2%±2.0% 和 13.1%±0.9%。如图 5-13（a）所示，在室温拉伸实验时，当轧制钛带材的强度超过抗拉强度后，应力很快下降，这是应变软化的特征，在拉伸实验期间，高密度位错诱导动态回复，因此位错湮灭而不累积。在剧烈塑性变形的材料中很常见。此外，材料中均匀分布的位错在拉伸实验中不容易出现过早的应力集中从而使得延伸率增加。根据图 5-10 中的 KAM 图，深冷异步轧制后退火样品的位错分布比室温轧制后退火样品的位错分布更均匀。因此，与深冷异步轧制样品相比，深冷异步轧制后退火样品的延伸率增加明显。图 5-13（c）显示了显微硬度实验结果。轧制前钛带材的显微硬度为（242.6±5.5）HV，深冷异步轧制和室温轧制后分别达到（343.6±11.3）HV 和（314.1±9.5）HV。退火后，显微硬度为（317.3±13.1）HV 和（287.3±11.3）HV，分别下降了 7.7% 和 8.5%。

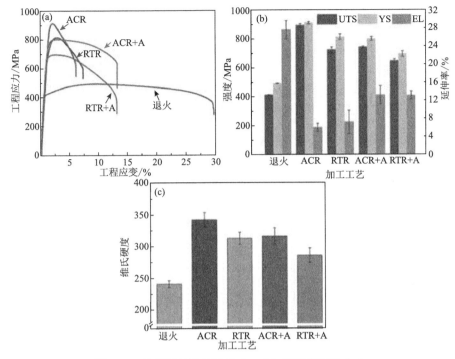

图 5-13　钛带材的拉伸性能（a，b）和显微硬度（c）

UTS 为抗拉强度；YS 为屈服强度；EL 为延伸率

拉伸实验后钛带材的断裂面形貌如图 5-14 所示。如图 5-14（a）所示，轧制前钛带材的拉伸断裂形态主要由致密韧窝控制，可大致分为三种类型，大而浅的韧窝、中等深度的韧窝和一些非常小的韧窝，小韧窝之间有尖锐撕裂边。断面上还有一个小的平坦区域，如图 5-14（a）所示。图 5-14（b）和（c）是深冷异步轧制和室温轧制的样品的拉伸断裂形貌。与图 5-14（a）相比，深冷异步轧制和室温轧制样品的韧窝尺寸明显小于轧制前样品。平坦表面分布在四周，韧窝主要集中在中间区域。断裂形貌反映了样品具有中等塑性，这与图 5-13 所示的拉伸实验结果一致。在图 5-14（c）中，可以看到样品经历了颈缩，如箭头所示，韧性韧窝占据了断裂区域面积的一半以上。此外，样品的平坦表面积小于深冷异步轧制样品，这与室温轧制样品较高的断裂延伸率相对应。然而，深冷异步轧制样品的韧窝较浅且尺寸较小，但数量比室温轧制样品多得多。退火后，平坦表面积显著减小，如图 5-14（d）和（e）所示。室温轧制后退火样品具有大而浅的韧窝，而深冷异步轧制后退火样品具有的韧窝数量更多。深冷异步轧制后退火和室温轧制后退火样品中的韧窝高低分散，这不利于应力集中的发生，有利于材料获得更高的断裂延伸率。图 5-14（f）显示了更高倍率下深冷异步轧制后退火样品的断裂形貌，可以看出，在局部区域的大韧窝表面有小韧窝。

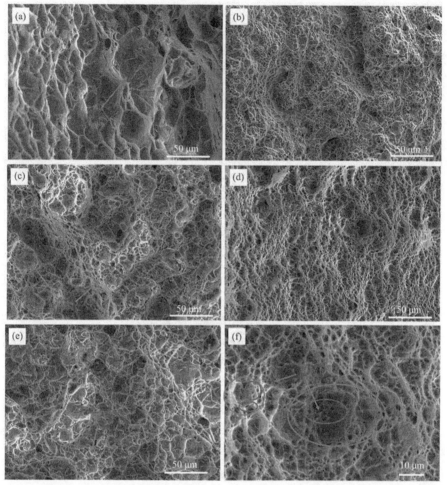

图 5-14　钛带材拉伸断口形貌的 SEM 图像：（a）轧制前，（b）深冷异步轧制，（c）室温轧制，（d）深冷轧制后退火，（e）室温轧制后退火，（f）深冷轧制后退火样品的高倍视场

5.2　深冷轧制 TC4 合金及其性能

TC4 钛合金是最常见的轻质高强钛合金，广泛应用于航空航天、深海工程、化工、能源、汽车等领域。本节研究了深冷轧制过程中的轧制温度、轧制压下率、深冷异步轧制等对 TC4 钛合金薄板组织与性能的影响。

5.2.1　深冷轧制温度对 TC4 钛合金薄板微观组织的影响

原始材料采用退火态 150 mm×50 mm×2 mm 的 Ti-6Al-4V 钛合金带材，其化学成分见表 5-1。这些带材分别进行室温轧制（20℃）、深冷轧制（−100℃、−150℃、

–190℃）[3]。深冷轧制之前，需要利用低温箱对带材进行冷却处理，第一道次前在低温箱中冷却 30 min，确保带材整体达到预定温度，后续每道次间保温 8 min。轧制过程采用的是 AGC 四辊可逆式异步轧机，工作辊尺寸为 φ80 mm×300 mm，轧制速度为 1.05 m/min，轧制压下率为 50%。

表 5-1　Ti-6Al-4V 带材的化学成分（wt%）

Ti	Al	V	Fe	C	O	N	H
Bal	6.11	4.04	0.13	0.018	0.158	0.009	0.0009

　　图 5-15 是原始退火态 TC4 钛合金薄板的显微组织，从图 5-15（a）中可以看出退火后的组织由基体 α 相、等轴和短棒状 β 相组成，且 β 相在基体中呈均匀分布。退火能够减弱或者消除先前加工中积累的加工硬化，释放残余应力，这对于后续的轧制而言是非常有必要的。而图 5-15（b）中显示出 Al 元素更多地分布在基体 α 相中，而 V 元素则在 β 相中偏聚。因为对于钛合金而言，Al 是工业中最常用的 α 稳定元素，V 和 Mo、Fe、Cr、Nb 等元素都是 β 稳定元素，能够降低 β 转变温度。这也是后续对物相组成和微观结构分析的基础。

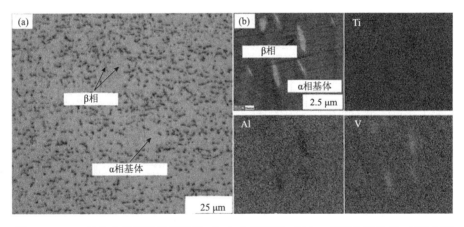

图 5-15　TC4 钛合金的原始显微组织：（a）金相观察；（b）α 相和 β 相的 SEM-EDS 图

　　图 5-16 所示为 TC4 钛合金薄板在不同温度轧制后的金相组织。从图中可以看出轧制后的组织与原始组织相比具有明显的纤维状结构，晶粒细化的同时沿着轧制方向被拉长。变形 β 相主要沿晶界分布，少量拉长的 β 相与轧制方向成一定角度分布，这是变形局域化的表现。受限于钛合金有限的滑移系，当经历大变形后，TC4 钛合金薄板会出现局部剪切带。当轧制温度为 20℃时，晶粒尺寸减小，随着轧制温度的降低，纤维状的晶粒厚度进一步减小，剪切带的密度也逐渐增大，并呈现出交错的网格状分布。

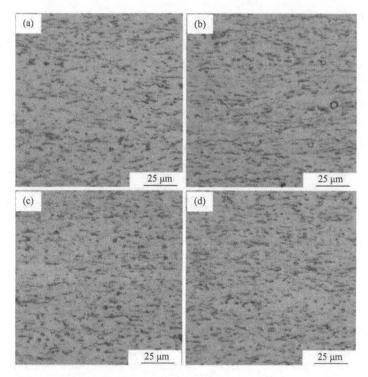

图 5-16　不同温度下 TC4 钛合金轧制压下率 50%的金相组织：（a）20℃；
（b）–100℃；（c）–150℃；（d）–190℃

　　图 5-17 是 TC4 钛合金轧制前后的 XRD 图，通常情况下，TC4 钛合金薄板都含有 α 和 β 相，从图中可以看出轧制前后衍射峰的数目没有明显变化。轧制后 α 相的主峰出现了转变，而 β 相的衍射峰强度均出现降低，但 α 相的衍射峰仍占主导地位。对比 20℃和–100℃时轧制样品的衍射图，发现两者的主衍射峰也有区别，说明深冷轧制能够改变 TC4 钛合金的织构类型，但不同温度深冷轧制样品间的衍射图没有显现出显著差别。变形后的一些衍射峰（如 $2\theta=38°\sim39°$）明显变宽。对于 TC4 钛合金，合金元素 Al 和 V 以置换固溶体的形式存在于 Ti 基体中。轧制变形和残余应变引起的晶格畸变反映在 XRD 图中衍射峰的角度移动中。利用 Jade 软件将 XRD 结果中的衍射峰的相对强度结果如表 5-2 所示，表中数值为衍射峰强最高的主峰做归一化处理后获得的。Card 45-4194 与 TC4 钛合金的衍射峰匹配程度最高，是 TC4 钛合金退火态的衍射图谱。钛合金在轧制过程中会形成较强的织构，对于 TC4 钛合金来说，其薄板织构主要与密排六方 α 相有关。（0 0 0 2）晶面织构为典型的轧制织构，可分为基面织构和横向织构。从表中可知，20℃轧制后样品的（0 0 0 2）晶面织构强度显著提升。深冷轧制样品中，–150℃和–190℃轧制样品也呈现出典型的轧制织构，而–100℃轧制样品的

衍射峰强度最高出现在$(10\bar{1}1)$晶面。六方晶系的滑移面主要为基面(0001)、棱柱面$(10\bar{1}0)$和棱锥面$(10\bar{1}1)$，而室温下钛合金塑性变形时，主要是基面滑移系被激活。对比表中这三个滑移面的强度值能够发现，深冷轧制样品中除基面滑移系外，其余滑移系也得到了额外激活，尤其是棱锥面滑移系，其衍射峰强度与基面几乎相同。这证明了相比于室温轧制，深冷轧制能够激活更多的滑移系。而-100℃出现的反常情况也可能是得益于深冷轧制对于$(10\bar{1}1)$晶面的激活作用。

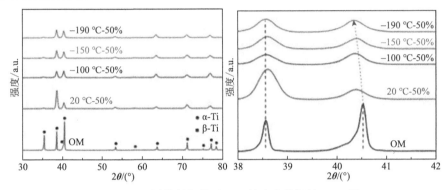

图 5-17   不同轧制条件下 TC4 钛合金薄板的 XRD 图

表 5-2   不同轧制温度下 TC4 钛合金薄板衍射峰的相对强度

样品	$\alpha(10\bar{1}0)$	$\alpha(0002)$	$\alpha(10\bar{1}1)$	$\alpha(10\bar{1}2)$	$\alpha(11\bar{2}0)$
Card 45-4194	25	30	100	13	11
原材料	52.4	68.4	100	10.9	11.1
20℃	3.2	100	31.1	7.1	7.8
-100℃	9.9	92.8	100	17	44
-150℃	9.8	100	80.1	12.4	26.8
-190℃	8.6	100	86.4	14.5	33.7

图 5-18 所示为不同轧制温度下 TC4 钛合金薄板的 SEM 图，轧制后的样品显微组织整体呈现纤维状。为研究深冷轧制过程 β 相形状和尺寸的演化规律，对不同轧制温度样品中 β 相的尺寸进行统计，图 5-19 和图 5-20 分别为不同轧制温度样品 β 相的长度和宽度分布。在 20℃轧制后 β 相的尺寸得到细化，但其形状仍为短棒状，少量等轴状 β 相随机分布。当轧制温度为-100℃时，β 相沿轧制方向伸长，宽度减小。与 20℃轧制样品相比，β 相的平均长度从 0.637 μm 增至 1.036 μm。然而，随着轧制温度的进一步降低，β 相的长度减小。当轧制温度为-190℃时，β 相

的平均长度从 1.036 μm 减小到 0.784 μm，与 20℃轧制的 β 相长度相近。β 相的宽度随轧制温度的降低而单调减小，这表现出了深冷轧制在细化 β 相方面的优越性。因此，β 相随轧制温度的降低，其形态变化为：等轴状→短棒状→长条状→针状，并且 β 相在基体中的分布也更加均匀。

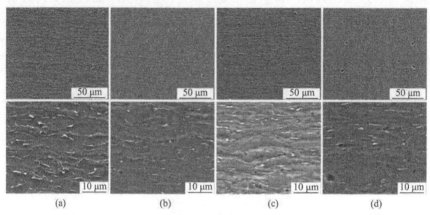

图 5-18　不同轧制温度下 TC4 钛合金薄板的 SEM 图：（a）20℃；（b）–100℃；
（c）–150℃；（d）–190℃

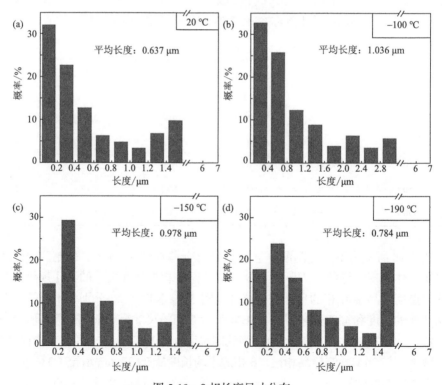

图 5-19　β 相长度尺寸分布

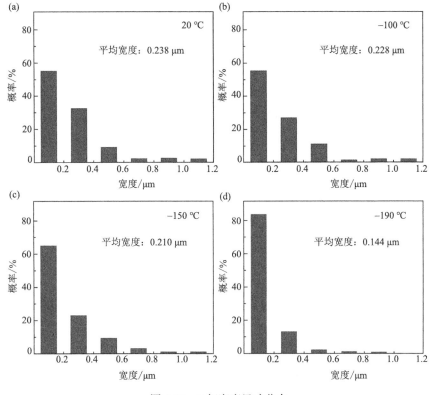

图 5-20　β 相宽度尺寸分布

　　为了更好地理解深冷轧制过程中 TC4 钛合金中 β 相的内在演变机制，计算了不同变形条件下 β 相的单位面积数目和长宽比，如图 5-21 所示。与 20℃轧制样品相比，−100℃轧制样品的 β 相长宽比显著提高了 69%。当轧制温度从−100℃降低到−150℃时，样品中 β 相的长宽比没有明显变化，因为在该过程中 β 相的长度

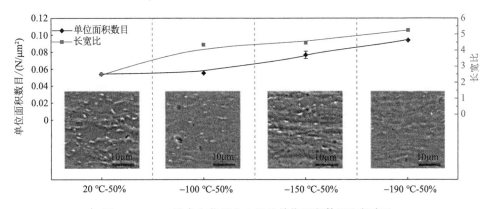

图 5-21　TC4 钛合金薄板中 β 相的单位面积数目和长宽比

和宽度同时减小。这是轧制过程中的正应力和剪力共同作用的结果。当轧制温度进一步降低到–190℃时，β 相的长宽比进一步增加到 5.44。此外，在本实验温度范围内，与 20℃轧制样品相比，深冷样品单位面积上的 β 相数量显著增加，这也影响了轧制薄板的力学性能。

表 5-3 展示了不同轧制温度下 TC4 钛合金薄板的力学性能。相对于 20℃轧制样品，深冷轧制样品的硬度值更高。20℃轧制样品的硬度值为（360±1）HV，–100℃和–150℃轧制样品的硬度值几乎相同，而–190℃轧制样品的硬度值能够达到（375±1）HV，较 20℃轧制样品硬度值有 15 HV 左右的提升。即随着轧制温度的降低，样品的硬度值逐渐增大，–190℃轧制时能获得最佳硬度。

样品轧制后，极限抗拉强度和屈服强度都得到提升，而延伸率出现下降，这是典型的加工硬化表现。不同样品拉伸曲线的弹性阶段变化趋势基本一致，20℃轧制时，样品的抗拉强度为（1234±3）MPa，低于深冷轧制样品，但表现出更佳的延伸率，其延伸率能够达到 6.4%±0.2%。随着轧制温度降低，样品强度逐渐增大，延伸率逐渐降低。–150℃和–190℃轧制时，强度出现反常，其原因可能是深冷轧制在细化组织晶粒的同时，也引入了更多的缺陷，导致其在拉伸过程中更不稳定。这与轧制温度、轧制压下率等参数有关。对于深冷轧制 TC4 钛合金力学性能的讨论分析将着重放在下一节进行。

表 5-3　不同轧制温度下 TC4 钛合金薄板的力学性能

样品	维氏硬度	抗拉强度/MPa	延伸率/%
20℃	360±1	1234±3	6.4±0.2
–100℃	366±3	1245±4	5.5±0.2
–150℃	367±2	1261±3	5.5±0.2
–190℃	375±1	1243±5	5.0±0.1

5.2.2　深冷轧制压下率对 TC4 钛合金薄板显微组织的影响

图 5-22 是轧制压下率为 25%时 TC4 钛合金薄板的金相组织。轧制后组织呈现出明显的层状结构，β 相主要沿晶界分布，且晶粒沿轧制方向拉长。随着轧制温度的降低，晶粒的细化效果进一步增强。此时，由于样品的变形量相对较小，变形较为均匀。晶界能够被清楚地识别，对不同轧制温度样品的晶粒尺寸进行统计，如图 5-23 所示。当轧制温度从 20℃下降到–190℃时，平均晶粒尺寸从 4.17 μm 减小至 2.10 μm，并且晶粒尺寸分布也更加均匀，呈现出典型的二项分布。

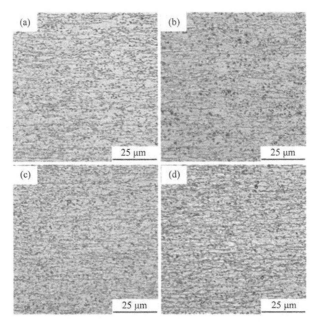

图 5-22　不同温度下 TC4 钛合金轧制压下率 25%的金相组织：
（a）20℃；（b）-100℃；（c）-150℃；（d）-190℃

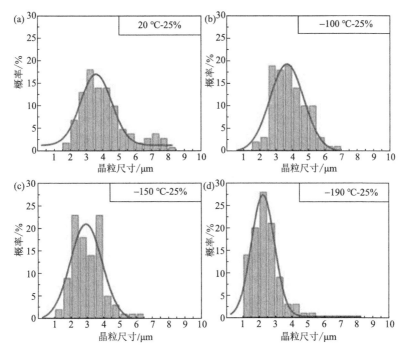

图 5-23　不同温度下 TC4 钛合金轧制压下率 25%的晶粒尺寸分布：
（a）20℃；（b）-100℃；（c）-150℃；（d）-190℃

　　当轧制压下率进一步增大时，TC4 钛合金有限的应变硬化能力会使得微观结构局域化和复杂化。图 5-24 显示了不同温度下轧制压下率为 50%样品的明场（BF）TEM 图像和相应的选区电子衍射图（SAED）。从图中可以看出，随着轧制温度的降低，α 晶粒逐渐变薄、变小，β 相的宽度尺寸也发生了类似的变化。然而，β 相的长度尺寸随着轧制温度的降低出现先增大后减小的情况，这是因为深冷轧制下变形受到限制，β 相是在正应力和剪应力的共同作用下导致的。在 20℃轧制的样品中，可以观察到位错在晶粒间的不均匀分布，体心立方结构 β 相的位错积累更为明显。随着轧制温度的降低，位错密度逐渐增加，位错缠结程度增加。由于 TC4 钛合金的主要晶体结构特征为密排六方结构，在局部变形区域出现了相当大的亚晶粒。并且选区衍射图还表明，晶粒显著细化，高密度位错缠结和位错运动促进了亚晶粒的形成。

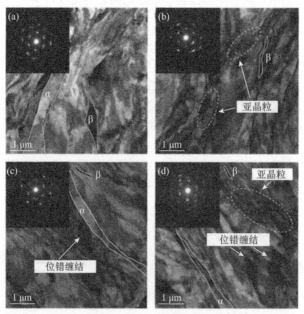

图 5-24　TC4 钛合金轧制压下率 50%的 BF-TEM 图像和 SAED 图：
（a）20℃；（b）–100℃；（c）–150℃；（d）–190℃

　　图 5-25 为轧制压下率为 75%的 TC4 钛合金的明场 TEM 图以及选区电子衍射图。当轧制压下率增大至 75%时，不同轧制温度样品都经历了剧烈的塑性变形。相比轧制压下率较小时，样品之间的微观组织差异在缩小，都存在宽度小于 1 μm 的长条状超细晶。相比于 α 晶粒，β 晶粒沿晶界分布且尺寸更小，其宽度甚至能够达到纳米级别。而在图 5-25 中下方的高倍 TEM 图中，还观察到了晶粒内部的高密度位错缠结，这些位错缠结可视为亚晶界形成的征兆。随着轧

制温度的降低，局部的亚晶群被观察到，这标志着晶粒尺寸的进一步细化。从左上角的选区电子衍射图也可以看出所有样品的衍射斑点都呈现出成环的趋势，这是组织中存在大量细小晶粒、低角度边界及纳米级亚结构的证据。尽管变形孪晶被认为在具有有限滑移系的密排六方结构（hexagonal close panked，HCP）金属的塑性变形中起着关键作用，但是从 TEM 结果中并未发现明显的孪晶现象，这可能是因为孪晶界的比例在大应变水平钛合金中非常低。此外，TC4 钛合金中的 Al 元素也被发现对于孪晶行为的抑制作用。因此，当施加大变形时，钛合金的塑性变形更可能是通过位错滑移来调节的。而在前文中也发现深冷环境下，TC4 钛合金能够启动更多的滑移系来促进塑性变形。

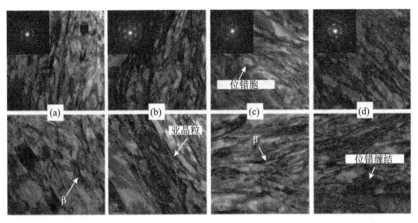

图 5-25　不同温度下 TC4 钛合金轧制压下率 75% 的 BF-TEM 图像：（a）20℃，（b）-100℃，（c）-150℃，（d）-190℃。左上角的图像显示了相应样品的选区电子衍射（SAED）图。下面四幅图为对应的高倍 BF-TEM 图像

图 5-26 为轧制压下率为 75% 时样品中的剪切带分布。如图 5-26（a）～（c）所示，随着轧制温度的降低，观察到更多的剪切带。剪切带的出现通常意味着材料的变形能力较差，作为一种局部化变形，剪切带可以作为孔洞形核、生长和合并的优先位置。随着应变的增加，TC4 钛合金中的"软"α 相和"硬"β 相形成剪切带，进一步协调变形，这些变化与晶粒尺寸的减小密切相关。此外，剪切应变的变化一般分为三个阶段：均匀变形、非均匀变形和高度局部化变形。在这项研究中也观察到了同样的模式。在剪切带的作用下，沿晶界分布的细长 β 相被破碎和细化，这与我们之前对 β 相的尺寸以及形状的统计规律一致。图 5-26（d）～（f）显示了更为细节的微观结构，20℃轧制时除了少数 β 晶粒外，其余晶粒的位错密度较低，当轧制温度降低后，样品整体位错密度显著增加，并且大量的位错缠结和积累表明了位错间存在强烈的相互作用。此外，剪切带附近聚集了大量位错，说明位错在 β 晶粒和晶界处存在堆积效应。

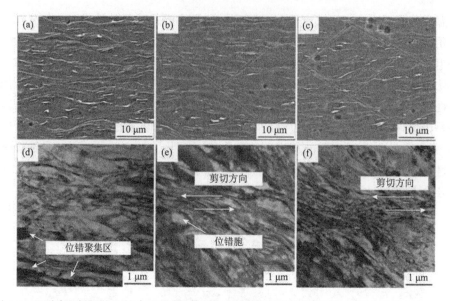

图 5-26　不同温度下 TC4 钛合金轧制压下率 75%的剪切带分布：（a）20℃，（b）-150℃，
（c）-190℃；TEM 图显示了位错分布、晶粒尺寸和剪切带的微观细节：（d）20℃，
（e）-150℃，（f）-190℃

　　图 5-27（a）显示了不同温度下轧制 TC4 钛合金的平均硬度值。当轧制压下率为 25%时，随着轧制温度的降低，样品的硬度值逐渐增加，呈现出稳定的上升趋势，并且在轧制压下率为 50%和 75%时，观察到了相同的变化。比较 20℃和 -190℃轧制样品可以发现，-190℃轧制压下率为 25%的样品的硬度值比 20℃轧制压下率为 50%的样品更高，这说明深冷轧制能够显著提高 TC4 钛合金的硬度。图 5-27（b）显示了不同轧制温度时样品硬度值随轧制压下率的变化。随着轧制压下率的增大，样品的硬度值逐渐增加，并且深冷轧制样品的硬度值均要高于室温轧制。

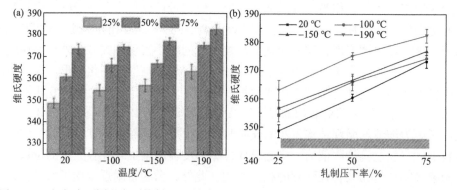

图 5-27　（a）在不同温度下轧制 TC4 钛合金的平均硬度值；（b）随轧制压下率的硬度变化

在不同温度下轧制的样品的应变-应力曲线如图 5-28 所示, 表明抗拉强度值随轧制压下率的增大而增加。然而, 延伸率呈现出相反的趋势, 这是加工硬化的典型特征。当轧制压下率小于或等于 50%时, 拉伸样品在达到极限抗拉强度后表现出明显的颈缩, 而轧制压下率为 75%的拉伸样品则表现出脆性断裂。这是因为前者的位错密度相对较低, 在拉伸实验期间应力集中现象并不显著。随着轧制温度从 20℃降至-190℃, 由于位错密度增加和轧制过程中的动态回复受到抑制, 轧制压下率相同的样品强度值增加。然而, -190℃轧制压下率为 75%样品的强度和塑性均降低, 并且样品在拉伸实验期间过早断裂。深冷环境下大变形可能导致第二相粒子沿晶界分布不均匀, 导致晶界处形成间隙和空洞, 导致过早失效。最高抗拉强度 1329 MPa 在 190℃轧制压下率为 75%时获得, 其对应的延伸率为 4.4%。与 20℃相同压下率轧制的样品相比, 抗拉强度提高了 86 MPa。结合之前的微观组织图像, 可以得出结论, 深冷轧制样品优异的拉伸性能主要是由于晶粒和 β 相的细化, 以及位错密度的增大。

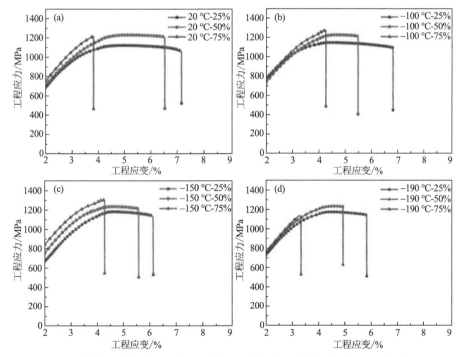

图 5-28 不同轧制压下率下 TC4 钛合金的工程应力-应变曲线:(a) 20℃;(b) -100℃;(c) -150℃;(d) -190℃

图 5-29 为不同轧制条件下 TC4 钛合金的抗拉强度和延伸率。尽管深冷轧制提高了样品的强度, 但是其塑性降低。多晶材料在塑性变形过程中会受到位错滑移的影响, 并且位错运动与空位、第二相和晶界相互作用。TC4 钛合金中的第二

相为体心立方结构 β 相，其滑移系要多于密排六方结构 α 相。因此，深冷轧制引起的 β 相的细化在一定程度上导致位错调节受阻，限制了材料进一步塑性变形的能力。并且随着轧制压下率增大至 75%，变形局域化也导致了第二相在基体中分布的不均匀，而在这些区域，由于应力集中效应很可能成为空洞和裂纹的起源，导致样品的塑性恶化。

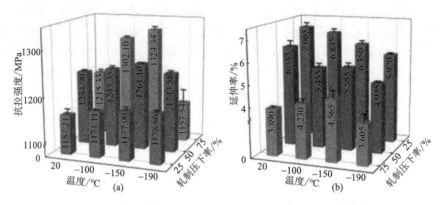

图 5-29　不同轧制条件下 TC4 钛合金的抗拉强度（a）和延伸率（b）

图 5-30 和图 5-31 分别是 20℃和-190℃轧制样品的拉伸断口形貌。当轧制压下率为 25%时，20℃轧制样品的断口可以观察到大量的韧窝和少量撕裂脊，而-190℃轧制样品的断口上韧窝的尺度范围更大，并且韧窝深度更深。因此该轧制压下率的样品都展现出良好的延展性。随着轧制压下率的增大，20℃轧制样品断口的韧窝尺寸变得更小，这对应于轧制后的晶粒细化。此外，韧窝纵深逐渐变浅。而对于 190℃轧制样品来说，轧制压下率为 50%时断口形貌中就出现了部分

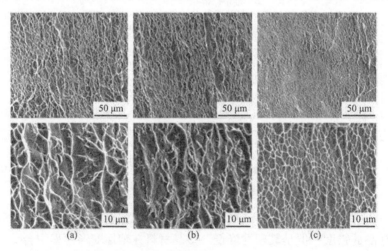

图 5-30　20℃轧制样品不同轧制压下率的断口形貌：（a）25%；（b）50%；（c）75%

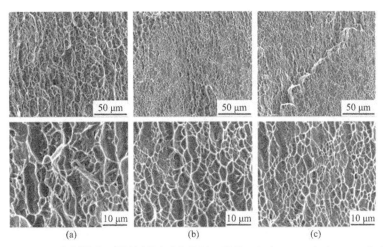

图 5-31　-190℃轧制样品不同轧制压下率的断口形貌:（a）25%;（b）50%;（c）75%

象征着脆性断裂的解理面，解理面之间通过撕裂边连接。当轧制压下率进一步增大时，样品断口处出现了二次裂纹导致的解理台阶，这与拉伸实验结果中较差的延伸率特征相匹配。

5.2.3　深冷异步轧制制备 TC4 合金

对 TC4 合金带材进行室温轧制、异步轧制和深冷异步轧制研究[4]。轧制前，带材的厚度为 1.5 mm，轧制后带材厚度为 0.8 mm。对于室温轧制，实验在室温下进行，上辊与下辊的轧制速度相同。对于异步轧制，实验在室温下进行，上下辊轧速比设定为 1.2。深冷异步轧制是在轧制前用液氮冷却 8 min 以上，上下轧辊之间的轧制异速比为 1.2。

图 5-32（a）～（c）分别为室温轧制、异步轧制和深冷异步轧制后薄板显微组织的 TEM 照片。这些图片表明，样品的典型微观结构主要是具有高密度缠结位错单元的细长 α-Ti 相。此外，深冷异步轧制材料的晶粒尺寸比室温轧制和异步轧制带材的晶粒小。

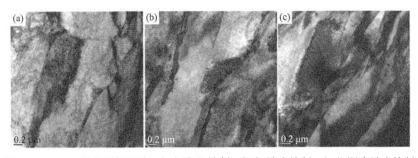

图 5-32　TEM 微观组织照片:（a）室温轧制;（b）异步轧制;（c）深冷异步轧制

图 5-33～图 5-35 分别为室温轧制、异步轧制和深冷异步轧制后 TC4 钛合金中主要元素分布的 EDS 图像。从图中可以看出，Ti 和 Al 元素的分布差别很小。然而，富含 V 元素的 β-Ti 相在三种加工方法中表现出明显的不同。图 5-33 显示了富含 V 元素的 β-Ti 相以大尺寸分布。图 5-34 中，该 β-Ti 相以更细小的层状结构出现。在图 5-35 中，β-Ti 相尺寸明显小于上述两种情况。通过统计，室温轧制、异步轧制和深冷异步轧制材料中 β-Ti 相平均厚度分别为 333.3 nm、245.3 nm 和 101.3 nm。

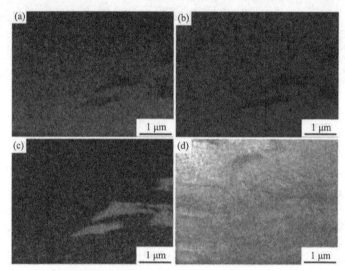

图 5-33　室温轧制样品 EDS 元素分布：（a）Ti 元素；（b）Al 元素；
（c）V 元素；（d）所有元素

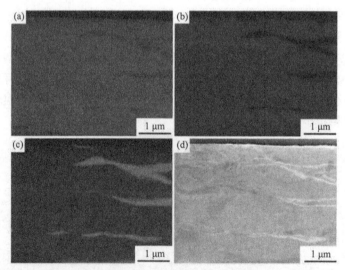

图 5-34　异步轧制样品 EDS 元素分布：（a）Ti 元素；（b）Al 元素；
（c）V 元素；（d）所有元素

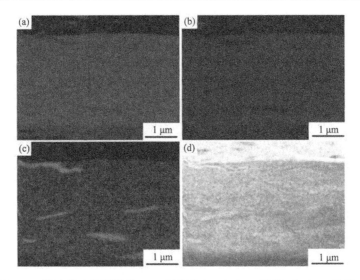

图 5-35 深冷异步轧制样品 EDS 元素分布：（a）Ti 元素；（b）Al 元素；
（c）V 元素；（d）所有元素

图 5-36 显示了加工后的 TC4 钛合金带材的力学性能。图 5-36（b）表明，使用室温轧制、异步轧制和深冷异步轧制制造的拉伸实验样品的延伸率均大于 10%。此外，室温轧制板的延伸率略高于其他两种带材。在图 5-36（c）中，可以看出室

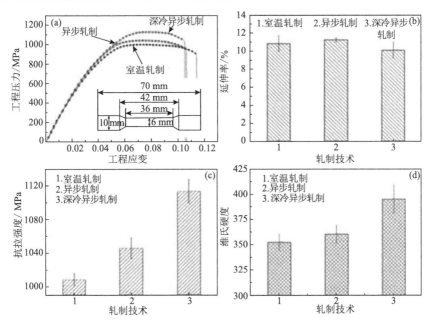

图 5-36 室温轧制、异步轧制与深冷异步轧制制备样品的力学性能：（a）工程应力-应变曲线；
（b）带材延伸率；（c）抗拉强度；（d）硬度

温轧制后样品的抗拉强度为 1008 MPa，异步轧制为 1046 MPa，深冷异步轧制达到 1113 MPa。图 5-36（d）显示了不同工艺后样品的显微硬度。采用室温轧制时，样品硬度为 352 HV。深冷异步轧制将样品的硬度提高到 395 HV。

　　图 5-37 显示了拉伸测试样品断口 SEM 图像。室温轧制样品中的韧窝比异步轧制和深冷异步轧制样品中的韧窝数量多。这意味着室温轧制 TC4 钛合金带材的延展性略高于其他两种带材。此外，对于异步轧制和深冷异步轧制带材，韧窝深度是相似的。从图 5-36（b）可知，异步轧制与深冷异步轧制带材的延伸率几乎相同。

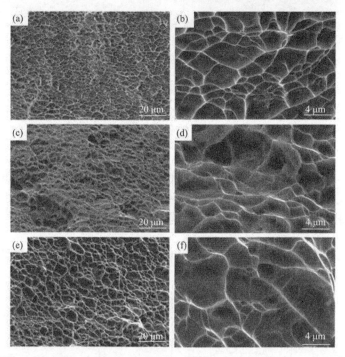

图 5-37　断口 SEM 图像：（a，b）室温轧制；（c，d）异步轧制；（e，f）深冷异步轧制

5.3　深冷轧制 TC4 合金低温退火处理

　　采用的原始材料为厚度为 2 mm 的退火态 TC4 钛合金带材，最终获得 1 mm（轧制压下率约为 50%）的深冷轧制 TC4 带材。在管式真空炉进行真空后退火处理，真空度为 6.7×10^{-3} Pa。退火过程中升温速率为 10℃/min，在 300℃、400℃、500℃、600℃、700℃下保温 5 min，冷却方式为炉冷，研究退火温度对材料力学性能的影响[5]。

　　图 5-38 所示为不同样品的金相图。结果显示，CR 样品微观组织由原始的等轴状晶粒变为细长的纤维状晶粒，拉长的 β 相分布在晶界处，如图 5-38（a）所示。

当退火温度为 300℃时，CR-300 样品的显微组织与 CR 的显微组织没有明显变化。随着后续退火温度的升高，晶粒逐渐长大，展现出明显的球化行为。但由于 700℃仍属于 α+β 相区中相对低的温度，因此 CR-700 样品中只有部分晶粒出现了长大，呈现出粗晶与细晶结合的微观组织。图 5-39 显示了相应 TC4 钛合金样品的 XRD 结果。结果表明，样品衍射峰宽经历先增大后减小。这说明轧制后样品出现了严重的晶格畸变以及晶粒细化，而随着退火温度的升高，晶粒得以发生回复和长大。此外，XRD 结果显示轧制及退火样品中由 α 相和 β 相组成，以 α 相为主，不过退火导致对应于 β 相的几个衍射峰[如 $2\theta \approx 39.6°$ 的$(110)_\beta$平面]变得更加明显。

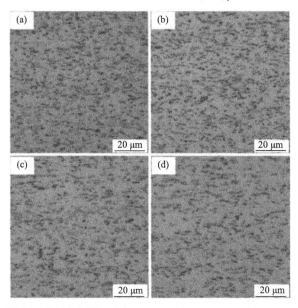

图 5-38　TC4 钛合金薄板金相图：（a）CR；（b）CR-300；（c）CR-500；（d）CR-700

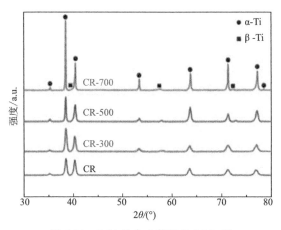

图 5-39　TC4 钛合金薄板的 XRD 图

图 5-40 展示了不同样品 RD-TD 面的反极图（IPF）和对应晶粒尺寸分布。一般而言，TC4 钛合金在 β 相变温度以下退火时织构较为稳定。从图 5-40（a）中可以看出深冷轧制后，CR 样品中〈0001〉和〈11$\bar{2}$0〉晶向偏向 ND 方向。300℃退火后，样品中晶粒取向未发生明显变化，如图 5-40（b）所示。而当 700℃退火后，部分 α 相晶粒发生偏转，其〈11$\bar{2}$0〉晶向更加偏向 ND 方向，形成了更加集中的择优取向。此外，对不同样品的平均晶粒尺寸进行了统计，CR 和 CR-300 样品的平均晶粒尺寸差异非常小，仅仅从 1.80 μm 增大到了 1.90 μm，这与两者的显微组织观察结果相对应，证明 300℃退火对于 TC4 钛合金薄板的晶粒组织几乎没有影响。当退火温度升高至 700℃时，CR-700 样品的平均晶粒尺寸为 3.63 μm，并且晶粒尺寸呈现出大范围的均匀分布。

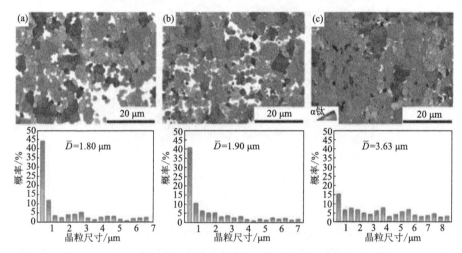

图 5-40　TC4 钛合金薄板 RD-TD 面的 IPF 图和晶粒尺寸分布：（a）CR；（b）CR-300；（c）CR-700

图 5-41 为晶界分布统计结果，其中晶界被分为小角度晶界（LAGBs，2°<θ≤15°）和大角度晶界（HAGBs，θ>15°）。结果表明，深冷轧制后，CR 样品中出现了占比高达 79.0%的小角度晶界，并且集中分布在晶粒内部，而小角度晶界的存在一定程度能够表征材料的位错累积，证明深冷轧制之后样品内部的位错水平得到了显著提高。随着退火温度的升高，样品的大角度晶界占比在逐渐增加，但是当退火温度为 700℃时，CR-700 样品的大角度晶界占比也仅仅从 21.0%上升至 31.1%，这证明退火过程中发生了部分晶粒的回复以及不完全再结晶现象。相应的 KAM 图如图 5-42 所示。可以看出 CR 样品中晶粒内积累了高密度的位错和应变，而后续退火过程中这些区域所储存的能量被晶粒的长大和再结晶所消耗。因此，从图中可以发现 CR-700 样品整体 KAM 值减小，其中再结晶晶粒的 KAM 值几乎为 0。晶界长度一定程度能够反映真实晶界面积的变化规律，利用置信因

子（coufidence index，CI）值大于 0.1 的数据，将结果中可信的晶界长度统计转化为相同采集范围下的晶界长度，如图 5-43 所示。通过对大小角度晶界的长度进行统计发现，尽管之前的晶界分布图 5-41 表明退火后样品的小角度晶界占比降低，但其晶界长度仍保持在较高的水平，相较 CR 样品，CR-700 样品的小角度晶界长度减小了不到 10%，而晶界总长却在增加。尽管通常认为变形后退火过程中晶界总能量会下降，但是据报道晶界能量并非晶界生长或收缩的决定性因素，晶界面积的变化可能与晶界特征分布的各向异性有关。

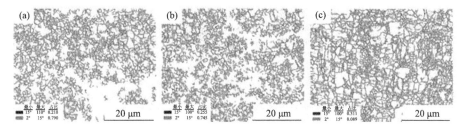

图 5-41　TC4 钛合金薄板 RD-TD 面的晶界分布：（a）CR；（b）CR-300；（c）CR-700

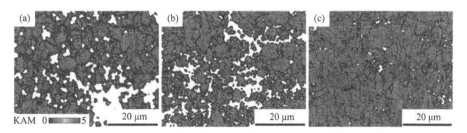

图 5-42　TC4 钛合金薄板 RD-TD 面的 KAM 图：（a）CR；（b）CR-300；（c）CR-700

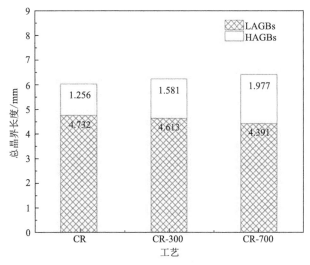

图 5-43　不同样品的晶界长度

　　为了更加了解深冷轧制样品退火前后的微观组织演化行为，对不同样品的物相组成进行分析，如图 5-44 所示。显微组织由 α 相（红色）和 β 相（绿色）组成，其中 α 相占大多数。深冷轧制后，样品中的 β 相得到了显著的细化。经过 300℃退火，β 相没有明显粗化，但 700℃退火后，发现部分 β 相明显长大。由于 V 元素会在 β 相中出现富集，因此这可能与退火过程中的溶质原子的扩散有关。图 5-45显示了对应样品在 RD-ND 面的 SEM 图像，图中的衬度取决于原子序数的差异，更明亮的区域表示包含更重的元素，因此图中白色的区域表示富含 V 元素的 β 相，而灰色的区域为 α 相。深冷轧制后样品中 β 相呈现出细长状，如图 5-45（a）所示。随着退火温度的逐渐升高，β 相逐渐由细长纤维状转变为短棒状，并呈现出等轴化的趋势。这可能是由于退火过程中，位错会发生重新排列，从而产生位错墙和亚晶界，并通过边界分裂过程实现晶粒的等轴化。根据奥斯特瓦尔德熟化机制，热力学系统中较大颗粒更容易吸收组织结构中较小的颗粒，这是因为它们的能量较低。因此，退火过程中晶粒球化行为包括大晶粒的形成和微小晶粒的溶解。此外，从图中还能发现细小 β 晶粒分散在晶界和三叉点，通过钉扎作用以及相互竞争作用抑制了 α 晶粒的长大。前面章节的结果表明，相同压下率时，深冷轧制能够获得更为细小的 β 晶粒，这对于 CR-700 样品的均匀晶粒尺寸分布至关重要。

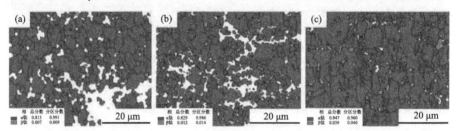

图 5-44　TC4 钛合金薄板 RD-TD 面的物相组成：（a）CR；（b）CR-300；（c）CR-700

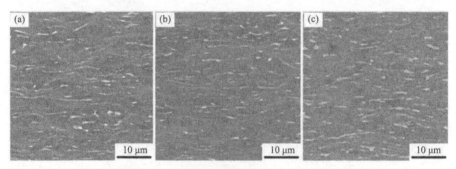

图 5-45　TC4 钛合金薄板 RD-ND 面的 SEM 图像：（a）CR；（b）CR-300；（c）CR-700

　　图 5-46 显示了 TC4 钛合金薄板的室温拉伸结果，其中图 5-46（a）为工程应力应-变曲线。深冷轧制后，CR 样品的极限抗拉强度迅速增加，但延伸率急剧

减小。在后续退火过程中，强度先增后减，延伸率呈现出相反的变化规律。当退火温度为 300℃时，样品的极限抗拉强度增大至 1259 MPa，但是延伸率仅为 2.3%。随着退火温度的进一步升高，抗拉强度单调减小，但当退火温度为 700℃时，样品的抗拉强度仍能达到 1126 MPa，比原始样品的抗拉强度高约 100 MPa，而延伸率仅仅略低于原始样品。图 5-46（b）为真应力-应变曲线，从图中可以看出 CR-700 样品具有与原始样品相同的均匀延伸率。根据图 5-46（b）计算并绘制了对应的加工硬化率图，如图 5-46（c）和（d）所示，其中图 5-46（d）为图 5-46（c）的局部放大图。颈缩现象表明材料即将失效，图 5-46（d）中的虚线和应变硬化率的交点即为颈缩点。从图中可以看出，颈缩点随退火温度的升高逐渐向右侧移动，在颈缩之前样品经历的应变逐渐增大。在拉伸变形开始后，CR 和 CR-300 样品的加工硬化率迅速降至 0。因此，在图 5-46（d）加工硬化曲线放大图中将其剔除。当退火温度超过 400℃时，加工硬化率逐渐增大，并且在整个拉伸变形过程中，CR-700 样品的加工硬化率都要大于其他样品。当真应变大于 0.02 时，CR-700 样品的加工硬化率变化呈现出两个阶段。

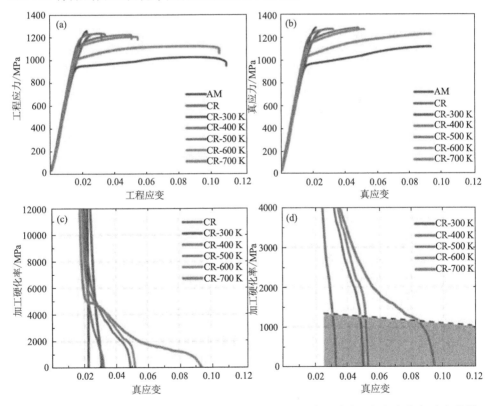

图 5-46　TC4 钛合金薄板的室温拉伸结果：（a）工程应力-应变曲线；（b）真应力-应变曲线，（c）加工硬化率曲线；（d）加工硬化曲线放大图

除了室温单轴拉伸外,还对深冷轧制及后续退火样品的显微硬度进行了测试,表 5-4 展示了 TC4 钛合金的各项室温力学性能指标。深冷轧制后,CR 样品的硬度增加了 18 HV。当退火温度低于 500℃时,样品的硬度随着退火温度的升高小幅度增长。钛合金的热处理过程中,α'马氏体分解为 α 相和 β 相会导致材料硬度的上升。退火过程中的溶质原子的再分配以及 β 相含量的变化也可能会导致样品的硬度发生波动。而 CR-700 样品的硬度仍然具有 363 HV,与 CR 样品的硬度基本持平。本章中对深冷轧制后的 TC4 钛合金薄板进行了短时真空退火,主要是因为钛合金的热氧化行为对力学性能影响很大,对于 α 相占比超过 90%的 TC4 钛合金而言,退火过程中的高真空环境确保了其不会由于与氧、氢等间隙元素发生反应,导致延展性急剧下降的情况。这也是 CR-700 样品表现出高强度、高延展性的原因之一。

表 5-4　TC4 钛合金薄板的室温力学性能

样品	维氏硬度	抗拉强度/MPa	屈服强度/MPa	延伸率/%
AM	344±2	1027±1	944±2	11.5±0.2
CR	362±2	1241±2	1128±4	3.2±0.2
CR-300	371±3	1259±1	1218±13	2.3±0.1
CR-400	373±1	1236±6	1169±14	3.2±0.2
CR-500	375±2	1218±7	1131±7	4.5±0.6
CR-600	366±3	1203±7	1113±2	5.0±0.6
CR-700	363±2	1126±5	1020±5	10.9±0.7

通常,经历严重塑性变形的金属具有较高的强度,但其延伸率和加工硬化率降低。CR 样品断裂的微观机制是有限的滑移系引起应变局部化,因此拉伸变形过程中剪切带出现裂纹,最终导致断裂。所以后续退火对于获得足够的延伸率非常重要。退火后,低位错密度和异质结构界面为加工硬化提供了足够的空间,延展性提高。对于 α+β 型钛合金,微观结构的力学性能主要由 α 决定。在本研究中,通过深冷轧制方法获得细晶粒,而通过随后的真空退火过程获得大尺寸范围分布的晶粒,从而使材料具有高的强度和良好的延展性。

最近对轧制钛合金的研究表明,其通常以牺牲延展性为代价获得更高的强度。图 5-47 显示了本工作与一些典型轧制钛合金的力学性能的比较。静力韧度是材料抗拉强度和延伸率的综合表征。图 5-47 中越靠近右上角意味着静力韧度值越高。结果表明,通过深冷轧制和后续真空退火制备的 TC4 钛合金薄板具有更好的静力韧性,其静力韧度可超过 12000 MPa·%。虽然通过合理分配合金元素,高合金化可以获得良好的机械性能,但它也会增加初始成本和回收成本,并对环境造成风险。从工业制造的角度来看,结合不同工艺强化低合金钛合金可能是未来大规模生产更经济可行的方法。

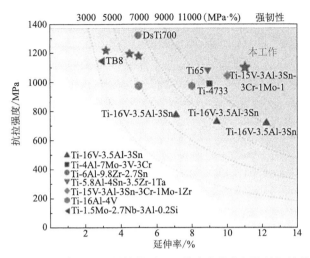

图 5-47　轧制钛合金的力学性能对比：其中虚线表征的是韧性等高线

图 5-48 显示了室温拉伸实验后样品断口表面纵截面的微观结构。对于金属而言，断裂行为通常与变形过程中裂纹的出现密切相关。从图 5-48（a）～（c）中可以看出，样品断口附近存在高密度的微孔洞。对于 CR 样品，微孔洞主要沿剪切带

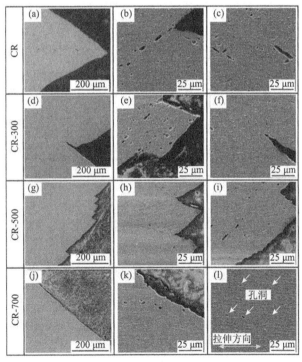

图 5-48　TC4 钛合金样品靠近拉伸断口表面的纵断面微观结构：（a～c）CR；（d～f）CR-300；（g～i）CR-500；（j～l）CR-700；其中虚线代表剪切带区域，箭头指向拉伸实验后形成的孔洞

分布。在剪切带中间位置能够观察到微孔洞的形成。此外，剪切带之间也存在相互交错，这也导致最终断口的纵截面呈现出锯齿状形态，如图 5-48（g）～（i）所示。当退火温度低于 500℃，剪切带的不稳定性导致微孔洞的快速形核和扩展，从而降低了样品的延展性。对于 CR-700 样品，基体中的剪切带结构在退火过程中被稀释。此外，观察到微孔洞的形成不再是局部聚集，而是呈现出更为随机的分布，如图 5-48（j）～（1）所示。因此，裂纹扩展也变得更加困难，样品的延展性也得到改善。

　　为了更好地理解不同样品的断裂行为，对断口表面形貌进行了细致的表征。图 5-49 和图 5-50 分别显示了 CR、CR-300、CR-500 和 CR-700 样品断口表面的整体和局部图像。图 5-48 中断口纵截面的锯齿状形态表明，沿拉伸方向断口表面存在高度差，因此断口整体图像的表达具有一定的局限性，有必要结合局部放大图像进行分析。从图 5-49 中整体图像可以看出，CR 和 CR-300 样品在断口表面存在多个水平分布、大跨度的二次裂纹，这对应图 5-48 中的交错剪切带结构。从局部放大图像能够获得更为详细的信息，除二次裂纹外，在 CR 和 CR-300 样品中还观察到一些解理面和浅韧窝。并且轧制表面附近的剪切区指明了拉伸

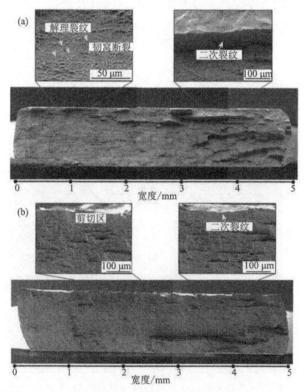

图 5-49　CR（a）和 CR-300（b）样品断口形貌：宏观区中宽度为 5 mm，每一小格为 1 mm

变形过程裂纹的扩展方向。退火温度升高带来的最显著的变化之一是更深、更大的韧窝，它们主要分布在图 5-50 中断口表面的中央拉伸区。此外，退火温度的升高还使得二次裂纹变得更加平缓。

图 5-50　CR-500（a）和 CR-700（b）样品断口形貌：宏观区宽度为 5 mm，每一小格为 1 mm

　　显而易见，退火后微观组织的演化决定了 Ti-6Al-4V 钛合金的断裂行为。如前所述，样品整体断口由每个位置的微小断口组成，因此可以通过断口形貌的组成来判断样品的最终断裂模式。由于大量位错、亚晶粒和其他亚结构倾向于聚集在深冷轧制后形成的局部剪切带中，因此这些区域的应力集中和开裂很常见。此外，剪切带中细小 β 相和 α 相之间的弱界面也是裂纹容易形核的位置。

参 考 文 献

[1] Yu H L, Wang L, Yan M, Gu H, Zhao X, Kong C, Pesin A, Zhilyaev A P, Langdon T G. Microstructural evolution and mechanical properties of ultrafine-grained Ti fabricated by cryorolling and subsequent annealing. Adv Eng Mater, 2020, 22: 1901463.

[2] Gu H, Li Z D, Liu S L, Gao H T, Kong C, Yu H L. Asymmetric cryorolling and subsequent

low-temperature annealing to improve mechanical properties of TA2 Ti sheets. JOM, 2022, https:doi.org/10.1007/s11837-022-0551-2.

[3] Yu F L, Zhang Y, Kong C, Yu H L. Microstructure and mechanical properties of Ti-6Al-4V alloy sheets via room-temperature rolling and cryorolling. Mater Sci Eng A, 2022, 834: 142600.

[4] Yu H L, Yan M, Li J T, Godbole A, Lu C, Tieu K, Li H J, Kong C. Mechanical properties and microstructure of a Ti-6Al-4V alloy subjected to cold rolling, asymmetric rolling and asymmetric cryorolling. Mater Sci Eng A, 2018, 710: 10-16.

[5] Yu F L, Zhang Y, Kong C, Yu H L. High strength and toughness of Ti-6Al-4V sheets via cryorolling and short-period annealing. Mater Sci Eng A, 2022, 854: 143766.

第6章 层状复合带材深冷轧制

随着现代科学技术的迅速发展，许多领域都对工程材料性能提出了更高的要求，因此单种金属材料已经越来越无法满足工业应用需求。近些年来，复合材料因优异的性能而受到研究人员和行业的广泛关注，并且随着科技的进步以及高精尖技术的发展，复合材料具有更广阔的应用前景。所谓的复合材料是指将两个或两个以上物理、化学性质不同的相进行组合，通过设计调控使其适当地分布进而获得任一单独相不能提供的性能。在制备复合材料的过程中，可以进行各种参数（如各组分的比例、分布、微观组织以及织构）的设计从而获得所需性能的材料，这是目前科研工作者对复合材料具有高度科学兴趣的主要原因。层状金属复合材料是将两种或者多种金属及合金通过冶金结合得到的一种结构材料，它最显著的一个特点就是保留了各组分本身的优势，并在此基础上通过这种结合补足各自的劣势，能够获得单种金属材料无法达到的性能指标。许多研究已经证实了由异种金属组成的层状复合材料可以显著改善许多性能，包括断裂韧性、疲劳寿命、冲击行为、腐蚀磨损以及阻尼能力等，或者为组成层中的脆性材料提供更好的可成形性以及延展性等。正是因为层状金属复合材料具有高强度、高弹性模量、抗蠕变和抗疲劳、高强度重量比、耐腐蚀性和耐磨性等优良特性，才使得它能够满足各种要求严格、服役环境复杂的工业工程等领域。层状金属复合材料可以将具有不同特性的金属材料进行合理分配，使其既满足高端应用的性能需求，又能够减轻整体重量，达到绿色环保的效果，是现今以及未来的一个研究热点。本章主要介绍深冷轧制技术在铝/铝、铝/钛、铝/铜、铜/铌层状复合带材制备上的应用。

6.1 铝/铝层状复合带材深冷轧制

铝合金作为轻质、高比强度，并且拥有良好耐腐蚀性及导热导电性的代表合金之一，已经在化学工业、汽车、航空航天制造等领域得到了广泛的关注与应用，而结合了两种或三种铝合金优势特性制备获得的铝/铝层状复合材料更是拓宽了其整体的应用范围。AA5052拥有优异的耐腐蚀性、可焊接性，良好的成形性，高疲劳强度和抗冲击性而广泛应用于航空航天、汽车、船舶、建筑和包装等行业。相比之下，工业纯铝（AA）1050 在室温下具有延展性好、强度低等特性，其在性能上的主要表现是密度较低，导热性及导电性较好，同样具有一定的耐腐性，而且因为它的延伸率在变形铝合金中是较高的，所以在塑性加工过程中易于变形。因此选用性能不同的 AA1050、AA5052 铝合金制备铝合金层状复合材料将具有一定的实际意义[1]。

采用 1 mm 的 AA1050 和 AA5052 铝合金作为初始材料。采用四辊轧机制备了 AA1050/AA5052 铝合金层状复合带材。首先将堆叠好的铝板放在加热炉中进行预热处理，即在 200℃下保温 3 min，然后进行第一道次的累积叠轧，压下率设置为 50%，将获得的铝合金层状复合带材切成尺寸相同的两段并修整边缘，之后再按照表面处理-堆叠-固定-轧制-切割这一顺序进行后续的累积叠轧，经过三道次的累积叠轧后将铝合金层状复合带材分成三份作为接下来不同轧制工艺下的初始母材，具体的轧制方案如图 6-1 所示。

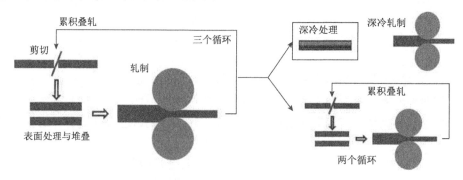

图 6-1　铝合金层状复合带材轧制工艺示意图

图 6-2 为不同轧制状态下铝合金层状复合带材 RD-ND 面的层状结构形貌图，通过 OM 图可以观察到颜色衬度较暗的为 AA1050 层，较亮的为 AA5052 层。可以看出在初始变形阶段（即累积叠轧的前三道次）AA1050 层和 AA5052 层都保持相对均匀的变形，因此叠轧后的铝合金层状复合带材组成层分布均匀且连续，并且结合界面也较为平直，但是随着累积叠轧进行到第四道次时，A5052 层开始出现了颈缩现象，组成层的厚度变得不均匀并且沿着轧制方向呈现出波纹状结构，这种塑性失稳的产生主要是由于两组成层在塑性流动、变形能力等方面存在一定的差异，由此导致硬质层在较大变形量累积的情况下发生了颈缩，而且随着叠轧道次的继续增加，AA5052 层的颈缩现象更为明显，最终在许多位置出现断裂。相比之下，深冷轧制第一道次的等效应变虽然与累积叠轧第四道次相同，但是从层结构的对比中可以发现，经过一道次的深冷轧制后两组成层的变形仍较为均匀，在层厚方向也保持相对稳定，没有出现失稳的现象，当深冷轧制进行到第二道次时，AA5052 层也在某些位置发生了颈缩，这是因为在大塑性变形下两组元金属由于性能的差异会出现塑性流动不协调，从而导致无法均匀变形，尽管如此，两

道次的深冷轧制后组成层仍能够保持连续性，硬质层没有出现断裂，这可以证明
在相同等效应变情况下，深冷轧制能够有效延缓塑性失稳的开始，并且减弱失稳
程度，从而使得在此种轧制制度下（三道次累积叠轧+两道次深冷轧制）制备的铝
合金层状复合带材具有较好的微观组织形貌，反映在宏观力学性能上我们可以从
上文得知其强度得到了明显的提高。

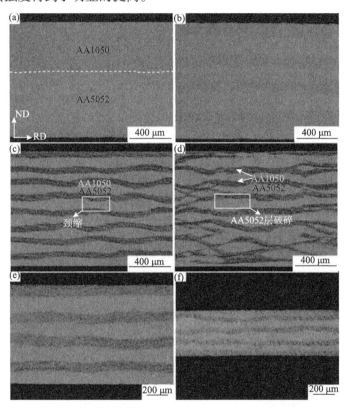

图 6-2　不同轧制状态下 AA1050/AA5052 铝合金层状复合带材的层状结构。累积叠轧：（a）第一
道次，（b）第三道次，（c）第四道次，（d）第五道次；深冷轧制：（e）第一道次，（f）第二道次

图 6-3（a）～（c）分别为累积叠轧第三道次、第五道次，深冷轧制第二道次
后铝合金层状复合带材的微观组织 TEM 图，图 6-4 为与之相对应的不同轧制状态
下两组成层的晶粒尺寸分布。从图中可以看出经过大塑性变形后，两组元金属的
晶粒都有沿轧制方向拉长的趋势，并且根据界面两侧元素扫描分析可知 Mg 元素
含量较多的一侧为 AA5052 层，体现在 TEM 图中即为层厚方向晶粒尺寸更小、轧
制方向晶粒结构呈现明显拉长的一侧，图 6-3（d）～（e）是与图 6-3（a）～（c）
相对应的高角度环形暗场图，分析可知衬度较暗的组成层是铝合金层状复合带
材的 AA1050 层，而较为明亮且呈流线状的一层是 AA5052 层。作为大塑性变形
工艺中的一种，累积叠轧可以制备出具有超细晶结构的层状金属复合材料，在

本章实验中经过三道次的累积叠轧后，AA1050 层与 AA5052 层的平均晶粒尺寸分别为 615 nm 和 169 nm，通过 TEM 图也可以观察到 AA1050 层的晶粒尺寸明显大于 AA5052 层，并且随着轧制变形量的增加，两组成层的晶粒尺寸均呈现出减小的趋势，对比累积叠轧第五道次与深冷轧制第二道次可以发现，铝合金层状复合带材在经过深冷轧制后 AA1050 层与 AA5052 层的晶粒细化程度更为明显，平均晶粒尺寸分别达到了 458 nm 和 123 nm。对于累积叠轧制备的铝合金层状复合带材，晶粒的细化主要基于连续动态再结晶，这是一种导致新晶粒形成的机制，其涉及的位错迁移率远大于晶界迁移率，而在深冷轧制后晶粒细化的程度更加明显可归因于深冷环境能够抑制动态回复，且在轧制过程中累积了更高的位错密度，从而使得轧制后的微观组织与累积叠轧第五道次相比其晶粒尺寸更加细小。图 6-3（a）～（f）均呈现了铝合金层状复合带材界面区的 TEM 图像，我们注意到在三道次的累积叠轧后，两组元金属的结合质量较为一般，在界面区仍能够观察到一些残余孔隙，而且这些孔隙并没有随着叠轧的进行而消除，反而在累积叠轧第五道次时更为明显，这是因为随着变形量的增加，硬质层出现断裂，并且在轧制过程中一些碎片夹杂在界面处，从而导致界面无法实现良好的结合，通过分析可以认为这是在叠轧第五道次时强度下降的主要原因，相比之下观察图 6-3（c）和（f）发现在两道次的深冷轧制后 AA1050 层与 AA5052 层结合得非常好，残余孔隙也几乎被消除，铝合金层状复合带材的界面结合质量得到了提升，这也有利于其整体性能的提高。

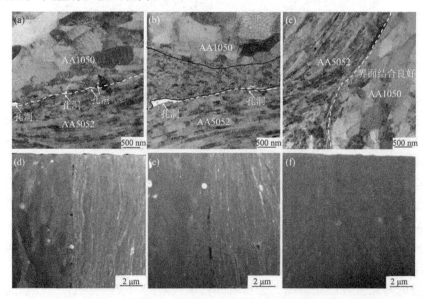

图 6-3　AA1050/5052 层状复合带材不同轧制状态下 RD-ND 面 TEM 图。累积叠轧：（a）第三道次，（b）第五道次；深冷轧制：（c）第二道次。（d～f）对应状态下的高角度环形暗场图

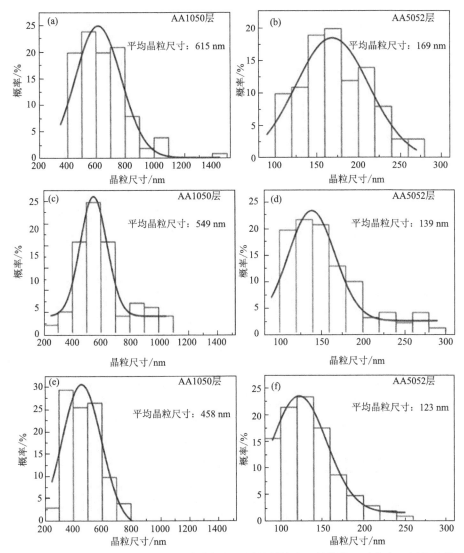

图 6-4　AA1050/5052 铝合金层状复合带材在不同轧制状态下的晶粒尺寸分布。累积叠轧：
（a，b）第三道次，（c，d）第五道次；深冷轧制：（e，f）第二道次

图 6-5 为不同状态下材料的工程应力-应变曲线，包括退火态的 AA1050、
AA5052 铝合金以及累积叠轧前三道次的 AA1050/AA5052 铝合金层状复合带材。
从图中可以看出，在初始叠轧之后，铝合金层状复合带材的强度明显高于两退火
态铝板，达到了（221±2）MPa，并且随着累积叠轧的进行，其强度逐渐升高，第
三道次后强度值达到了（246±2）MPa。在累积叠轧变形过程中，铝合金层状复合
带材延伸率的变化情况如下，首先在第一道次后明显下降，然后随着叠轧次数的
增加下降速率逐渐减缓。

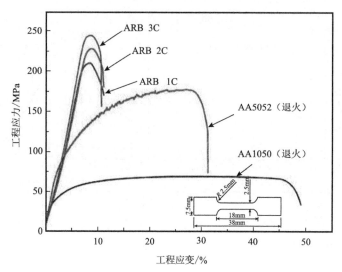

图 6-5　退火态 AA1050、AA5052 铝合金和累积叠轧铝合金层状复合带材工程应力-应变曲线

为了进一步研究不同轧制制度对铝合金层状复合带材力学性能的影响，将累积叠轧三道次的 AA1050/AA5052 作为第二类初始母材，即在此之后进行三种轧制工艺，包括第四、五道次的累积叠轧，两道次的室温轧制，两道次的深冷轧制，对不同状态下的铝合金层状复合带材进行拉伸性能检测，实验结果如图 6-6 所示。可以看出在累积叠轧的前几个道次由于加工硬化的主导作用，强度得到明显的提高，但是随着累积叠轧继续进行到第四、五道次时，强度开始下降，并在第五道次时强度值降到了（240±1）MPa，这主要是由于较硬的 AA5052 层出现了颈缩和断裂的现象，而此时的细晶强化效果无法抗衡由于层间断裂导致的强度降低，因此整体的铝合金层状复合带材表现的力学性能即强度下降。相比之下，在同样的等效应变情况下，两道次的室温轧制和深冷轧制强度均呈现上升的趋势，而且铝合金层状复合带材经过深冷轧制后其强度和延伸率都高于室温轧制的铝合金层状复合带材。

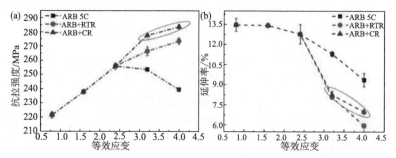

图 6-6　不同轧制工艺下 AA1050/AA5052 铝合金层状复合带材的拉伸性能：
（a）抗拉强度；（b）延伸率

通过实验发现与仅采用叠轧相比，将累积叠轧与深冷轧制相结合可以明显改善铝合金层状复合带材的抗拉强度，图 6-7 即为两种轧制制度下拉伸性能的对比。可以看出在第二道次的深冷轧制后，铝合金层状复合带材的强度达到了（284±1）MPa，相比于第五道次的累积叠轧其强度增加了 18.3%，但是延伸率略有下降，这主要是由于两种轧制状态下的铝合金层状复合带材虽然等效应变相同，但其最终厚度却有差异，从而导致在延伸率的对比上深冷轧制后有所降低，从上文可知室温轧制与深冷轧制的最终板厚是相同的，而第二道次深冷轧制后的延伸率是明显高于室温轧制的。

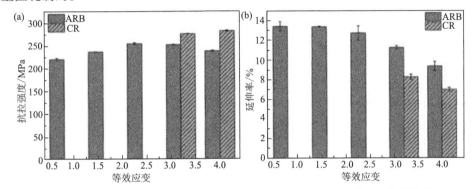

图 6-7　累积叠轧与深冷轧制 AA1050/AA5052 铝合金层状复合带材的拉伸性能：
（a）抗拉强度；（b）延伸率

图 6-8 为初始退火态铝板（AA1050、AA5052 铝合金）和轧制变形态铝合金层状复合带材（AA1050/AA5052）的显微硬度值。从图中可以看出，经过退火处理后初始铝板的硬度值达到最低，然后随着累积叠轧的进行，铝合金层状复合带

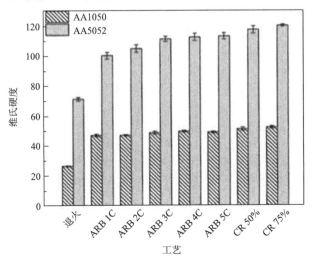

图 6-8　退火态 AA1050、5052 铝合金和不同状态下铝合金层状复合带材的显微硬度值

材两组成层的硬度逐渐升高。分析可知在整个轧制变形过程中，AA1050 层的硬度除第一道次的明显增长以外，在此之后的增长速率都比较缓慢，而 AA5052 层的硬度在累积叠轧的前三道次有明显的上升，这是由于在轧制变形的初期位错密度不断增加，产生的应变硬化使得硬度提高，而在后续的累积叠轧过程中位错密度的积累程度达到了饱和，晶粒细化效果也逐渐减弱，因此在第四、五道次时AA5052 层的硬度几乎维持稳定，但是经过两道次的深冷轧制后又呈现出了上升的趋势，这与深冷轧制能够进一步细化晶粒有关。

关于铝合金层状复合带材显微硬度的测量，上文已给出两组成层在不同轧制状态下的表面硬度，为了进一步研究轧制态铝合金层状复合带材的硬度变化趋势，我们测量了累积叠轧前三道次的铝合金层状复合带材在层厚方向（ND 方向）的维氏硬度，实验结果如图 6-9 所示。图中显示了不同轧制道次下铝合金层状复合带材 AA1050 层、AA1050/AA5052 界面和 AA5052 层的硬度值，可以看出界面处的硬度一直介于两组成层之间，而在层厚方向的硬度变化并没有明显的规律，但是随着累积叠轧道次的增加，在铝合金层状复合带材的整个层厚方向 AA1050 层、AA5052 层的维氏硬度始终是呈增大趋势的。

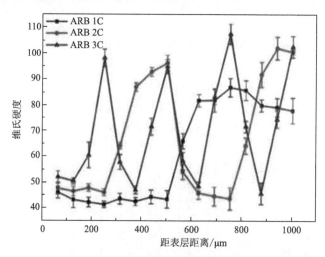

图 6-9　AA1050/AA5052 铝合金层状复合带材层厚方向的显微硬度变化情况

采用扫描电子显微镜观察了不同轧制状态下铝合金层状复合带材拉伸断裂后的断口形貌，实验结果如图 6-10 所示。通过观察发现在第一道次的累积叠轧后，AA1050 层与 AA5052 层虽然实现了基本的结合，但是结合质量不高、强度较差，因此在拉断后能够明显地观察到分层现象，从图 6-10(a)中还可以看到在 AA1050层中存在大量的韧窝，而在 AA5052 层只有少许韧窝，并且伴有明显的撕裂棱，这表明 5052 铝合金层的塑性较差、变形较小，因此在拉伸过程中更多的塑性变形

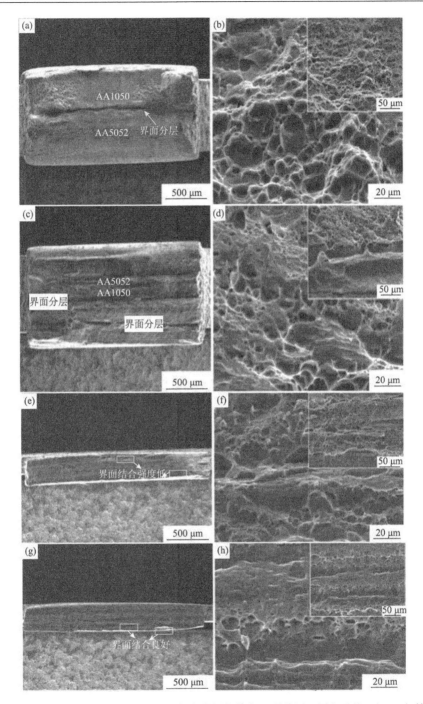

图 6-10　扫描电子显微镜下铝合金层状复合带材拉伸断口形貌图。累积叠轧：（a，b）第一道次，（c，d）第三道次；室温轧制：（e，f）第二道次；深冷轧制：（g，h）第二道次

是由 AA1050 层承担的，图 6-10（b）为高倍下的拉伸断口图，可以看出在纤维区有大量的韧窝聚集，并且韧窝尺寸较大，这些形貌特征均与累积叠轧一道次后的延伸率值有较好的吻合。通过整体分析可知 AA1050 层体现的是韧性断裂的特征，而 AA5052 层则为混合型断裂(断裂模式介于脆性与韧性断裂之间)。图 6-10（c）与（d）是累积叠轧三道次后铝合金层状复合带材拉伸断裂后的低倍与高倍下的断口形貌图，根据叠轧的工艺性质可知，最新道次的复合界面往往结合强度最低，而轧制道次越靠前其结合质量越好，从图中也可以证实这一现象，即在三道次后的拉伸断口处已无法区分叠轧一道次后的结合界面以及两组元金属，在高倍图中发现韧窝数量明显减少，而且韧窝尺寸也变得更小，反映在力学性能上即铝合金层状复合带材的延伸率下降。图 6-10（e）～（h）分别对应的是室温轧制第二道次和深冷轧制第二道次后铝合金层状复合带材的拉伸断口，对比低倍图发现虽然室温轧制后的界面结合较为良好，但是在断口处仍能够观察到分层现象，相比之下深冷轧制可以明显提升结合质量，从图 6-10（g）中可以观察到样品被拉断后界面没有任何的分离，组元金属在拉伸断裂后依然结合在一起，这可以很好地解释深冷轧制后铝合金层状复合带材的力学性能优于室温轧制。

6.2　铝/钛层状复合带材深冷轧制

铝/钛层状复合材料具有密度小、比强度高、抗高温氧化性好等优点。铝/钛复合板是替代航空航天发动机材料高温 Ni 基合金的理想材料，也是实现汽车轻量化的重要途径。采用铝/钛复合板制备的发动机具有质轻、耐高温、强度高等特点，能大量节约燃耗、提高承载量。

6.2.1　铝/钛层状复合带材复合轧制

实验采用 0.2 mm 的 TA2 纯钛和 0.4 mm 的 AA1100 纯铝薄带开展研究[2]。轧制前，钛板在 550℃下真空退火 30 min，铝板在 400℃下真空退火 1 h。退火后，用钢刷将待复合带材表面的氧化膜除去，然后用铝包裹钛形成 Al/Ti/Al 的初胚。轧制前先将初胚放入电阻加热炉中保温 10 min，温度为 300℃。预加热后，通过两道次将粗胚轧制至 0.5 mm，轧制速度为 2 mm/min，轧辊直径为 80 mm。然后将 0.5 mm 厚的复合板分别在 190℃、100℃、25℃和 300℃下轧至 0.42 mm，轧制速度不变。

图 6-11 所示为压下率为 58%轧制温度−190～300℃时 Al/Ti/Al 复合板的界面形貌的 OM 图，Al/Ti 界面处没有空隙，也没有界面化合物生成。界面呈锯齿状，

这是由铝挤入钛层裂纹而形成的。裂口处钛层与铝层形成机械结合，裂口大小随轧制温度发生变化。图 6-11（a）和（b）为深冷轧制下的复合板的界面形貌，界面粗糙呈锯齿状，界面宽且深入钛层内部。随温度升高，界面变得光滑平直、裂口细窄而浅，如图 6-11（c）所示。但随温度进一步升高，界面处裂口又变宽，界面平直度降低，如图 6-11（d）所示。

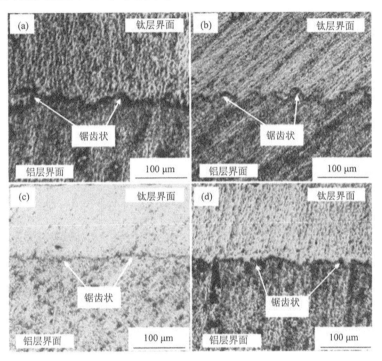

图 6-11　压下率为 58% 时 Al/Ti/Al 复合板界面形貌:（a）轧制温度 −190℃;（b）轧制温度 −100℃;
（c）轧制温度室温;（d）轧制温度 300℃

图 6-12（a）为沿垂直于 Al/Ti 界面的方向进行 EDS 线性扫描，扫描结果以及元素相互扩散区域宽度随温度的变化如图 6-12（b）～（e）所示。界面处元素分布情况说明在 Al/Ti 界面附近发生了元素的相互扩散，形成了中间扩散层，且随轧制温度升高，界面扩散层宽度增大。

图 6-13（a）为压下率为 50% 和 58% 时的剥离曲线，无论轧制温度怎样，增大压下率均能提高界面结合强度。据剥离曲线计算出不同轧制温度时的平均剥离强度。平均剥离强度随轧制温度的变化趋势如图 6-13（b）所示。由图 6-13（b）可知 25℃ 轧制的复合板结合强度最低，平均剥离强度只有 6.4 N/mm。热轧能提高复合板的结合强度。此外，从图 6-13（b）中还得知深冷轧制的复合板与室温轧制的相比，其结合强度没有降低，反而得到明显提高，且 −100℃ 时，其界面的结合强度是本实验中最高的，平均剥离强度达到 7.2 N/mm。

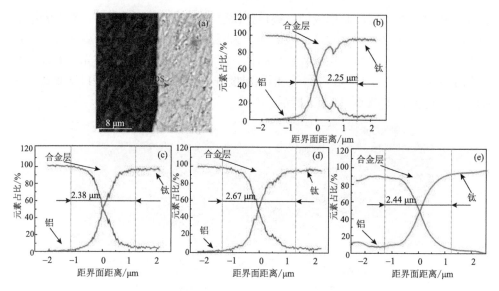

图 6-12　轧制后 Al/Ti 界面元素分布的 EDS 图：（a）界面 EDS 线扫示意图；（b）−190℃；
（c）−100℃；（d）室温；（e）300℃

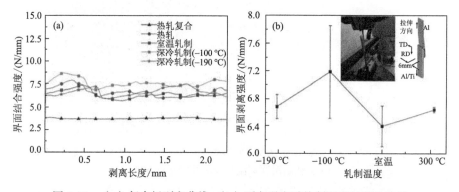

图 6-13　（a）复合板剥离曲线；（b）剥离强度随轧制温度的变化曲线

　　图 6-14 为压下率为 50% 的复合板剥离后钛侧和铝侧界面的扫描形貌，钛侧表面布满了垂直于轧制方向的裂纹，剥离后的裂纹内有铝存在，但残留的铝的量很少，说明结合方式以机械结合为主。图 6-15 压下率为 58% 时不同轧制温度下剥离表面钛侧[（a）、（c）、（e）、（g）]和铝侧[（b）、（d）、（f）、（h）]的扫描形貌。与压下率为 50% 的剥离形貌不同，钛侧裂纹变宽，残留的铝增多、呈"山脊状"，尤其是深冷轧制时的山脊宽度明显要宽。"山脊状"铝的形成是由于界面强度高于铝的抗拉强度，剥离时铝发生断裂而呈现出的形态。图 6-15（a）、（c）、（e）、（g）表明随轧制温度的升高，钛侧裂纹宽度先减小，在 25℃时达到最小，随后轧制温度继续升高裂纹变宽，实验结果与图 6-11 相似。

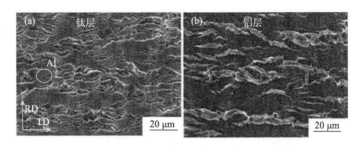

图 6-14　压下率为 50%时复合板剥离界面钛侧（a）和铝侧（b）扫描形貌

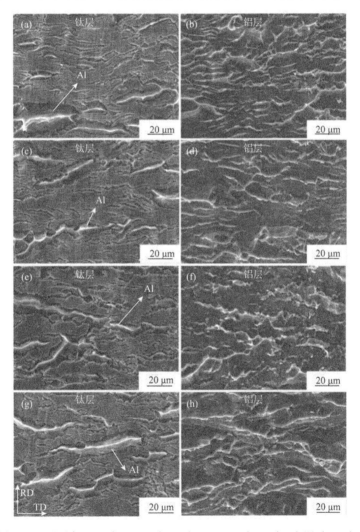

图 6-15　压下率 58%时–190℃（a，b）、–100℃（c，d）、室温（e，f）、
300℃（g，h）钛侧和铝侧的剥离界面形貌

图 6-16 和表 6-1 为压下率为 58%时不同轧制温度下复合板的拉伸曲线和力学性能大小，表明深冷轧制和热轧都能使复合板的抗拉强度和延伸率得到提高。且深冷-100℃轧制的性能最好，抗拉强度达 260.40 MPa。不同轧制温度复合板拉伸断口的 SEM 图如图 6-17 所示，拉伸断口显示断裂后复合板界面发生分层，且钛层比铝层先发生断裂。此外，轧制温度为-100℃时，拉伸断口的铝层、钛层均有明显韧窝存在，且钛层韧窝近乎等尺寸，为塑性断裂。而 300℃时，钛层韧窝大小不一、呈梯度分布，铝层在拉伸时发生强烈的颈缩效应，断裂后呈山脊状，复合板断裂方式为塑性断裂。-190℃和室温轧制的铝层几乎没有韧窝，而钛层韧窝数量少、韧窝较浅，且断口表面还有少许平坦区域，是伴有脆性断裂的塑性断裂。

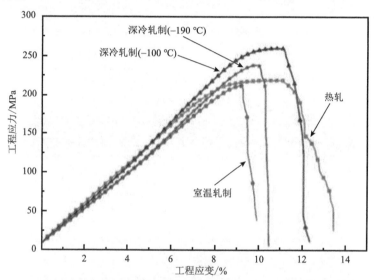

图 6-16　不同温度轧制制备的铝/钛复合板工程应力-应变曲线

表 6-1　不同轧制温度制备铝/钛层状复合带材的力学性能

轧制温度	σ_p/（N/mm）	σ_b/MPa	d_s/%	纳米硬度/GPa	
				钛层	铝层
-190℃	6.69±0.17	234.79±8.48	10.37±0.06	2.79±0.13	0.50±0.04
-100℃	7.18±0.67	261.40±1.59	12.44±0.40	2.85±0.07	0.55±0.01
25℃	6.41±0.29	215.24±2.91	9.40±1.13	2.65±.017	0.48±0.02
300℃	6.64±0.04	219.37±0.30	13.23±0.20	2.59±0.11	0.43±0.03

不同轧制温度下复合板各层的纳米硬度值列于表 6-1 中，铝层、钛层纳米硬度随温度的变化值如图 6-18 所示。深冷轧制的钛的纳米硬度值较 Fomenko 等测

试的 3.25 GPa 低，这与其测试载荷远小于本实验 30 N 有关。深冷–100℃时铝层和钛层的硬度值均达到最高值，随后，随轧制温度的升高，铝层和钛层的硬度值均下降。

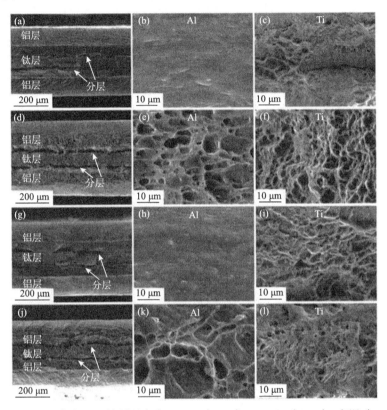

图 6-17　压下率为 58% 轧制温度为 –190℃（a~c）、–100℃（d~f）、室温（g~i）和 300℃（j~l）时复合板的拉伸断口的 SEM 图

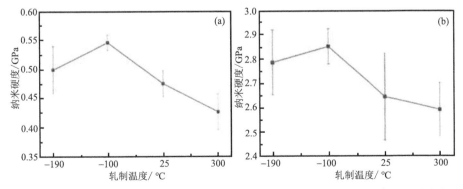

图 6-18　压下率为 58% 轧制温度为 –190℃、–100℃、室温和 300℃时复合板铝层（a）和钛层（b）硬度随温度的变化曲线

6.2.2　铝/钛层状复合带材直接深冷轧制

分别采用深冷叠轧和室温叠轧的方法制备铝/钛/铝层状材料[3]。使用 1060 铝合金和商业纯钛板为原材料。轧制前，1060 铝合金板和钛板的厚度分别为 1.0 mm 和 25 μm，并且板的表面用乙醇清洁。层压片堆叠成铝/钛/铝层压片。轧制前，层状材料的前端通过点焊进行焊接，以防止滑动。然后分别通过室温叠轧和深冷叠轧进行加工。使用了一台直径为 50 mm 的四辊多功能轧机。在第一、第二、第三和第四道次轧制之后，层状材料的厚度分别为 0.9 mm、0.5 mm、0.25 mm 和 0.125 mm。

图 6-19（a1）～（c1）显示了通过室温叠轧生产的铝/钛/铝层状材料。在图中，叠轧后层状材料会出现一些边缘裂纹。然而，如图 6-19（a2）～（c2）所示，通过深冷叠轧焊接生产的层状材料中没有边缘裂纹。与室温叠轧焊接相比，深冷叠轧焊接可以提高层状材料边缘的质量。

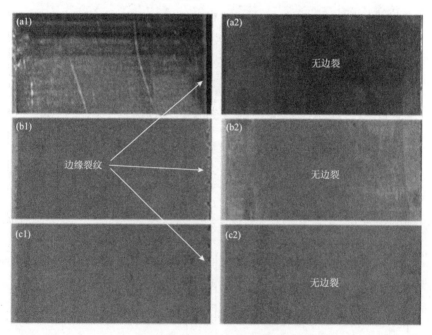

图 6-19　（a1～c1）室温叠轧；（a2～c2）深冷叠轧；（a1，a2）第二道次；
（b1，b2）第三道次；（c1，c2）第四道次

图 6-20 显示了铝/钛/铝层状材料在分别经过室温叠轧和深冷叠轧的第四道次之后的工程应变-工程应力曲线。对于经过室温叠轧的层状材料，极限抗拉强度为 150 MPa，对于经过深冷叠轧的层状材料，极限抗拉强度达到 205 MPa。与室温叠轧相比，深冷叠轧的极限抗拉强度增加了 36.7%。

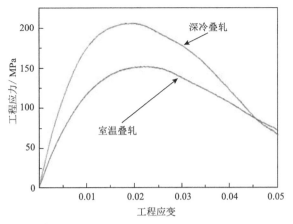

图 6-20　深冷叠轧和室温叠轧铝/钛/铝层状材料的工程应变与工程应力的关系

　　图 6-21（a）和（b）示出了在第二道次和第四道次室温叠轧之后钛和铝层之间界面的 TEM 图像。第二道次后，在界面上可以看到一些小孔洞，尽管在大多数界面上，铝和钛层焊接良好。第四道次后，钛铝界面焊接良好。图 6-21（c）和（d）显示了在第二道次和第四道次深冷叠轧后钛和铝层之间界面的 TEM 图像。与室温叠轧制得的样品相比，深冷叠轧第二道次后，界面处的残余孔洞大得多，界面附近钛和铝层的晶粒尺寸小得多。这与界面之间的结合强度随着温度降低而变得困难有关。然而，随着轧制道次的增加，界面附近的晶粒在轧制过程中长大，铝和钛层之间的界面也显示出良好的结合，如图 6-21（d）所示。

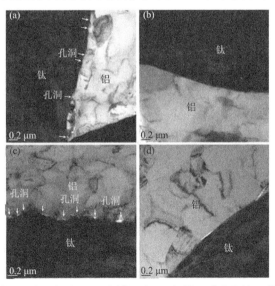

图 6-21　铝/钛界面附近显微组织的 TEM 图像：（a，b）第二道次和第四道次室温叠轧后材料；（c，d）第二道次和第四道次深冷叠轧后材料

　　界面结合程度是决定产品最终质量的重要因素之一。决定结合质量的因素有很多，如轧制温度和压下率。在本研究中，深冷叠轧每次轧制压下率与室温叠轧相同。因此，是轧制温度导致了界面结合行为的差异。图 6-22 显示了不同处理后铝层的晶粒尺寸分布。如图 6-22（a）所示，对于在室温下叠轧的样品，铝/钛界面附近的铝的晶粒尺寸为 186.3 nm，而对于如图 6-22（c）所示的深冷叠轧样品，晶粒尺寸细化至 47.8 nm。此外，界面附近铝层中的晶粒在应力作用下明显长大。如图 6-22（b）和（d）所示，在室温叠轧和深冷叠轧的第四道次后，晶粒尺寸分别增加到 398.7 nm 和 386.8 nm。晶粒生长明显影响铝钛界面的结合程度。

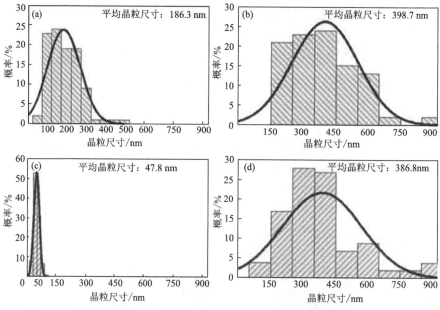

图 6-22　铝层中的晶粒尺寸分布：（a，b）在第二道次和第四道次室温叠轧；
（c，d）在第二道次和第四道次深冷叠轧

6.3　铝/铜层状复合带材深冷轧制

　　铝/铜层状复合材料具有铜的美观和铝的耐腐蚀性、低成本等性能，广泛应用于航空航天、电子通信和电力电子、石化、冶金、机械等工业领域。我国是一个多铝少铜的国家，一边是铝产业产能过剩，一边是铜资源短缺。铜/铝复合带材可以替代铜金属，对缓解我国多铝少铜的现状具有重要意义。制备工艺对铝/铜层状复合材料的力学性能有很大的影响。对于通过大塑性变形工艺制备的层状金属基复合材料，由于其丰富的非均匀界面，可以比较容易地获得超细晶粒和超高强度。本节介绍了采用两种方法制备的铝/铜层状复合带材。

6.3.1　单层铝/铜层状复合带材深冷轧制

采用商业纯铜（T2 铜）板和商业纯铝（1060 铝合金）板进行深冷轧制[4]。它们在轧制前的厚度为 1 mm。首先，准备尺寸为 100 mm×200 mm（宽和长）的 Al 板和 Cu 板，并在 300℃的真空炉中退火 1 h。热轧黏合前，用钢刷仔细处理铝板和铜板的两侧，以清除板表面的氧化层。然后，在真空炉中预热至 500℃，保温 3 min，通过热轧制备 1.5 mm 厚的层状 Cu/Al/Cu 复合材料。此道次后，Al 层和 Cu 层结合良好，可以防止界面层进一步氧化。将 1.5 mm 厚的层状 Cu/Al/Cu 复合材料分别通过热轧（300℃）、室温轧制（25℃）和深冷轧制（–100℃和–190℃）进一步加工三道次。对于深冷轧制，在轧制前将层状 Cu/Al/Cu 复合材料在氮气冷却深冷箱中冷却 8 min；对于热轧，它们在轧制前在真空炉中加热 3 min。每道次压下率设定为 50%。轧制后，层状 Cu/Al/Cu 复合材料的最终厚度约为 0.19 mm。

轧制后，使用线切割设备将 Cu/Al/Cu 复合材料切割成尺寸如图 6-23 所示。在日本岛津公司生产的 AGS-5/10kN 试验机上进行了室温条件下的拉伸实验。应变速率为 0.03 s^{-1}。拉伸实验重复 3 次。研究了轧向-法向面的显微组织。采用阳极覆膜技术和光学显微镜（OLYMPUS BX51M）观测铝层的微观结构。用王水腐蚀铜后，通过扫描电子显微镜（SEM）检查铜层的微观结构。在 Phenom ProX Desktop 平台上通过能谱仪（EDS）研究 Cu/Al 界面附近的元素分布，并对每个样品进行 5 个不同位置的 EDS 线扫描。测试位置在样品上随机分布。在 EDS 实验中，加速电压设定为 15 kV，测量步长设定为 0.35 mm。

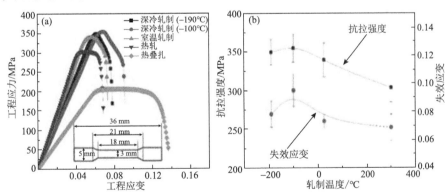

图 6-23　Cu/Al/Cu 复合材料的机械性能：（a）工程应力-应变曲线；
（b）极限抗拉强度和最大失效应变

图 6-23（a）显示了层状 Cu/Al/Cu 复合材料的力学性能。热轧黏合后，层状 Cu/Al/Cu 复合材料的极限抗拉强度和极限断裂应变分别为 207 MPa 和 0.137。很明显，与经过热轧黏合的复合材料相比，经过进一步轧制的复合材料的杨氏模量更陡峭，这可能有助于在轧制过程中细化晶粒。由于 AlCu 金属间化合物层厚度

的增加，热轧和室温轧制后样品的杨氏模量比深冷轧制样品的杨氏模量更陡。与 -190℃条件下深冷轧制后复合材料的杨氏模量相比，-100℃条件下深冷轧制后复合带材界面结合质量和平均晶粒尺寸明显不同，导致较小的杨氏模量。在-100℃温度下进一步深冷轧制后，复合材料获得了最高的极限抗拉强度和最大破坏应变，如图 6-23（b）所示，分别为 355 MPa 和 0.096。当轧制温度为-190℃时，极限拉应力略微降低至 350 MPa，最大破坏应变降低至 0.079。采用室温轧制或热轧时，力学性能大幅度下降，极限抗拉强度和最大破坏应变分别下降到 340 MPa、0.073 和 304 MPa、0.069。此外，深冷轧制后复合材料的非均匀变形阶段明显小于热轧后该复合材料的非均匀变形阶段。

图 6-24 和图 6-25 分别显示了 Cu 层和 Al 层的微观结构。Cu 和 Al 中的晶粒在轧制加工后呈细长状。在-190℃的深冷轧制后，Cu 层平均晶粒尺寸和 Al 层平均晶粒尺寸分别为 0.8 mm 和 2.1 mm。随着轧制温度的升高，晶粒尺寸（拉长晶粒的厚度）增大，Cu 层平均晶粒尺寸为 1.2 mm、3.5 mm、7.1 mm，Al 层平均晶粒尺寸为 2.6 mm、6.2 mm 和 7.5 mm。

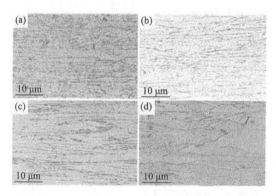

图 6-24　Cu 层的微观结构：（a）CR-190℃；（b）CR-100℃；（c）室温轧制；（d）热轧

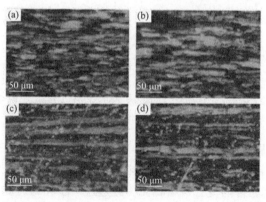

图 6-25　Al 层的微观结构：（a）CR-190℃；（b）CR-100℃；（c）室温轧制；（d）热轧

图 6-26 展示了铜层和铝层之间界面附近的微观结构。在−190℃进行深冷轧制时，中间化合物层明显呈锯齿状。随着轧制温度的升高，锯齿形状逐渐变平。使用热轧时，金属间化合物层没有断裂区。界面特征和轧制温度之间的关系与铝/钛复合轧制后的形态类似。

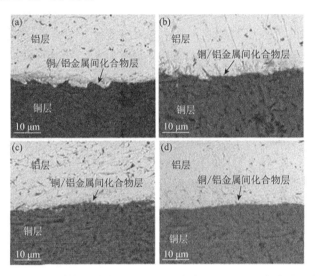

图 6-26　中间界面层的微观结构：（a）CR-190℃；（b）CR-100℃；（c）室温轧制；（d）热轧

图 6-27 展示了复合材料界面附近 Al 和 Cu 元素的分布情况。随着轧制温度的升高，AlCu 金属间化合物层的厚度增加。在−190℃温度下深冷轧制后 AlCu 金属间化合物层的平均厚度为 2.61 μm，热轧后增加到 5.97 μm。AlCu 金属间化合物层的平均厚度和轧制温度呈指数相关。AlCu 金属间化合物层厚度的变化与力学性能息息相关。

图 6-28 展示了不同温度条件下轧制后层状 Cu/Al/Cu 复合材料断口形貌。在−190℃下深冷轧制后，层之间的结合界面非常明显[图 6-28（a）]，并且界面层间存在较多孔洞，表明结合强度较低。随着轧制温度升高，层间结合质量变好[图 6-28（b）～（d）]，这意味着结合强度随着轧制温度的升高而急剧增加。随着轧制温度的升高，AlCu 金属间化合物层附近的残余应力减小，分布更加均匀。根据薄膜理论，轧制力作用下脆性层会断裂。轧制温度越低，脆性层越容易断裂。因此，经过深冷轧制的样品在界面处形成锯齿状。

在图 6-23 中，在−100℃下深冷轧制后层状 Cu/Al/Cu 复合材料的极限抗拉强度和最大断裂应变都是最佳的。晶粒尺寸、金属间化合物层的厚度、界面结合特性和质量综合决定了复合材料的力学性能。根据 Hall-Petch 方程，晶粒尺寸越细，合金的屈服应力越大。本研究中除了轧制温度外，轧制工艺参数是相同的。

很明显，轧制温度对 Cu 层和 Al 层的晶粒尺寸有很大的影响。材料中的位错密度会随着轧制温度的升高急剧降低。尤其是在变形过程中温度较高时，晶粒会发生动态再结晶，这将导致轧制后材料中晶粒粗大，如图 6-24 和图 6-25 所示，Cu 层和 Al 层的平均晶粒尺寸分别为 7.1 mm 和 7.5 mm。当温度低于室温时，位错密度会随着变形温度的降低而急剧增加。当轧制温度为–100℃或–190℃时，位错的运动和动态回复受到抑制，导致晶粒尺寸更细。从图 6-24 和图 6-25 可以看出，轧制后，随着轧制温度从–190℃升高到 300℃，晶粒尺寸急剧增加。这可以解释在–100℃、25℃和 300℃温度下轧制的层状 Cu/Al/Cu 复合材料的屈服应力降低。

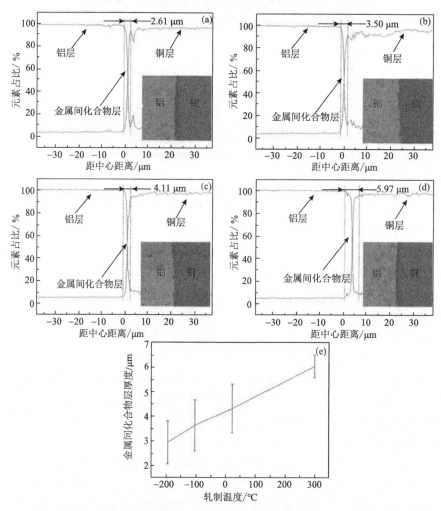

图 6-27　界面处 Cu 和 Al 元素分布：（a）CR-190℃，（b）CR-100℃，（c）室温轧制，（d）热轧；（e）金属间化合物层厚度与轧制温度关系

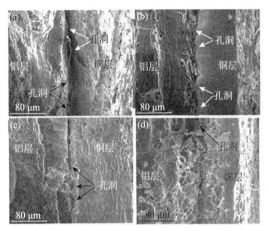

图 6-28　不同温度条件下轧制后断口形貌：（a）CR-190℃；（b）CR-100℃；
（c）室温轧制；（d）热轧

　　Cu/Al 层间结合质量也是影响力学性能的重要因素。轧制压下率、轧制温度、摩擦条件、热处理、轧制应变速率等变形参数对复合带材界面结合强度的研究已被大量报道。Cu/Al 复合材料作为潜在结构材料具有广阔的应用前景，关于其深冷轧制后力学性能的研究报道较少。Cu/Al/Cu 复合材料深冷轧制后，AlCu 界面变成锯齿状。在轧制过程中，界面附近的两种材料开始以机械啮合的形式结合，进入彼此的咬合，而热轧过程中主要结合机制为扩散结合。不同的结合机制导致拉伸实验过程中的不同断裂模式，从而导致复合材料沿轧制方向的力学性能不同。图 6-28 中的断口形貌也证实了这一点。

　　加热和轧制过程中都会发生界面元素扩散。在图 6-27 中，Cu/Al/Cu 层状复合材料中 AlCu 金属间化合物层的厚度随着轧制温度的变化而变化，从而影响复合材料的力学性能。在热轧黏合过程中，Al_2Cu、AlCu、Al_3Cu_4、Al_4Cu_9 在 Cu/Al 界面层形成。在图 6-26（a）中，在-190℃条件下深冷轧制过程后，AlCu 金属间化合物层出现颈缩，这是由局部塑性异质性引起的，与在累积叠轧过程中在 Al/Ni 复合材料中观察到的现象相似。这表明，对于-190℃下进行深冷轧制制备的复合材料，界面处 AlCu 金属间化合物层比 Al 层更早地达到应变不稳定条件。随着轧制温度的升高，颈缩现象变得不明显。在图 6-23 中，随着轧制温度从-190℃升高到-100℃晶粒尺寸增加，层状板的屈服应力增加，这主要是由颈缩区域周围存在大量孔洞导致的。通过降低金属间化合物层的颈缩行为，提高轧制温度能使得结合强度变好。在图 6-28 中，在 300℃下热轧后，Cu 层和 Al 层之间的结合质量最好。

6.3.2　多层铝/铜层状复合带材深冷轧制

　　通过累积叠轧与深冷轧制组合工艺制备了 Al/Cu 层状复合材料，详细的制备过程如图 6-29 所示[5]。首先，将商用纯 Cu（99.99 wt%）和 Al（99.95 wt%）带材切割成 60 mm（长）×40 mm（宽）×0.5 mm（厚）的尺寸，然后分别在 873 K 下和 573 K 下的真空炉中退火 60 min 和 120 min。为了提高界面结合强度，采用钢丝刷和超声波丙酮浴去除铜、铝薄板表面的氧化膜和油污。随后，按照 Cu-Al-Cu-Al 的顺序堆叠 Cu 板和 Al 板，然后在室温下进行轧制复合，第一道次的轧制压下率约 60%。初始轧制步骤被指定为第一个循环（n=1）。

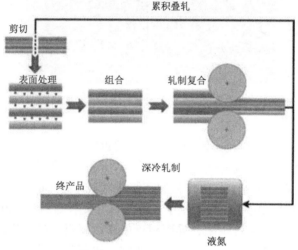

图 6-29　累积叠轧与深冷轧制组合工艺制备 Al/Cu 层状复合材料的示意图

在上一个轧制步骤之后，将轧制的 Al/Cu 复合材料切成两半，清洗表面并重新堆叠。然后在室温下对组装好的 Al/Cu 复合材料进行轧制复合，厚度减少约 50%。这个过程重复了 7 次。在第 7 次循环累积叠轧后，进行室温轧制减薄和深冷轧制减薄，样品的总厚度减薄量为 30%。表 6-2 显示了每个累积叠轧循环中的样品厚度、层数和单层厚度。

表 6-2　累积叠轧与深冷轧制组合工艺制备 Al/Cu 层状复合材料的轧制规程

轧制道次	入口厚度（h_0）/mm	出口厚度（h_e）/mm	层数（n）	单层厚度（$h=h_e/n$）/μm
1	2.00	0.80	4	500
2	1.60	0.78	8	97.5
3	1.56	0.81	16	50.6
4	1.62	0.79	32	24.7
5	1.58	0.77	64	12.0
6	1.54	0.79	128	6.2
7	1.58	0.8	256	3.1
8	0.8	0.55	256	2.1

采用装有能谱仪（EDS，Oxford，England），运行电压为 15 kV 的场发射扫描电子显微镜（SEM，TESCAN Mira4，Czech）测定了 Al/Cu 层状复合材料的微观形貌。为了确定铝/铜基体和铝/铜界面的微观结构，采用了 200 kV 下工作的 Tecnai F20（FEI）透射电子显微镜（TEM）。使用 FEI Helios NanoLab 600i 聚焦离子束（FIB）从 RD-ND 平面提取了横截面位置用于拍摄 TEM 的薄膜。为了检测 Al/Cu 层状复合材料的晶粒尺寸分布，采用 FEI QUANTA 3D FESEM 装置进行了电子背散射衍射（EBSD）分析。在 DDL-100 万能试验机上进行了 Al/Cu 层状复合材料的单轴拉伸实验。在 KJ-T1400-L80H 型真空炉中进行了 473 K、573 K 和 673 K 的退火处理，保温时间为 30 min。

图 6-30 显示了不同累积叠轧循环次数制备的 Al/Cu 层状复合材料的 SEM 微观形貌。第一次累积叠轧循环形成了具有平坦 Al/Cu 界面的明确层状结构[图 6-30（a）]。随着累积叠轧循环次数的增加，由于 Al/Cu 金属的流变应力和硬化速率差异，较硬的铜层容易出现颈缩甚至破裂，如图 6-30（b）和（c）中的箭头所示。在其他层状金属复合材料中也发现了较硬层的优先颈缩和破裂。由界面剪切应力引起的剪切带与 RD 方向形成约 25°的角度。此外，随着累积叠轧循环次数的增加，剪切带变得更加明显，如图 6-30（b）～（d）中的虚线所示。

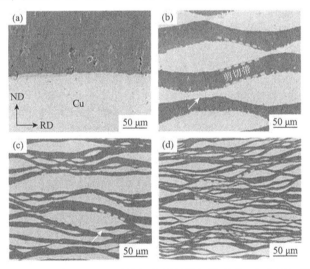

图 6-30　不同循环次数下 Al/Cu 层状复合材料的扫描形貌：（a）第一道次循环；
（b）第三道次循环；（c）第五道次循环；（d）第七道次循环

后续轧制减薄的 Al/Cu 层状复合材料的微观结构如图 6-31 所示。可以看出，后续轧制减薄工艺可以改善界面平整度。此外，深冷轧制样品中的剪切带远小于室温轧制样品中的剪切带。室温轧制减薄样品和深冷轧制减薄样品之间的详细组织差异将通过 TEM 进一步表征。

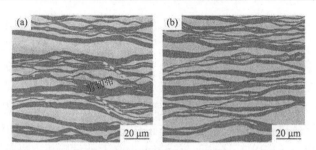

图 6-31　后续轧制减薄的 Al/Cu 层状复合材料的 SEM 图像：（a）室温轧制；（b）深冷轧制

　　图 6-32 显示了通过后续室温轧制和深冷轧制制备的 Al/Cu 基体的 TEM 图像。对于 Al 层，室温减薄样品和深冷减薄样品[图 6-32（a）和（b）]的微观结构没有显著差异，这是因为具有面心立方结构的铝具有较高的层错能。对于 Cu 层，室温轧制减薄样品只能观察到少量位错缠结[图 6-32（c）]。在深冷轧制减薄样品中形成了大量高密度的层错[图 6-32（d）]，这可以显著提高金属材料的力学性能。

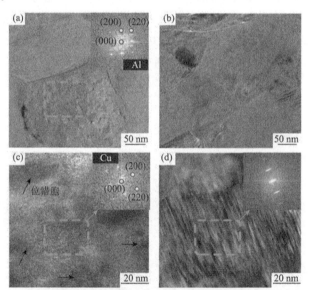

图 6-32　Al/Cu 基体的 TEM 图像。室温轧制：（a）铝层，（c）铜层；
深冷轧制：（b）铝层，（d）铜层

　　此外，Al/Cu 界面的 TEM 图像如图 6-33 所示。衍射斑点结果说明了 Cu-Al 金属间化合物在界面处的生成，揭示了 Cu 和 Al 原子在界面上的扩散。界面扩散的输入能量来自两个方面：累积叠轧过程中的变形热及 Cu 和 Al 之间塑性失配引起的剪切应变能。对于室温轧制减薄样品，在 Al/Cu 界面周围检测到 $CuAl_2$ 和 $CuAl$ 结晶相[图 6-33（a）]。而对于深冷轧制减薄样品，仅检测到 $CuAl_2$ 相[图 6-33（b）]。

$CuAl_2$ 相比其他 Cu-Al 金属间化合物具有优先形成性。换言之，室温轧制过程比深冷轧制过程有更多的变形热输入，以促进 CuAl 相的额外生成。上述结果表明，室温轧制工艺可以有效抑制脆性 Cu-Al 金属间化合物的形成，这也有助于提高 Al/Cu 层状复合材料的力学性能。

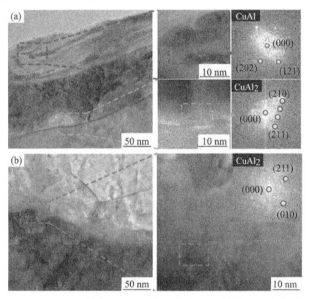

图 6-33　Al/Cu 界面处的 TEM 图像：（a）室温轧制；（b）深冷轧制

图 6-34（a）显示了 Al/Cu 基体及 Al/Cu 层状复合材料的工程应力-应变曲线。与软质 Al/Cu 基体相比，复合材料表现出更高的强度，但韧性较差，这是累积叠轧技术制备的层状金属复合材料的典型特征。复合材料的总延伸率逐渐降低，最终稳定在约 10%[图 6-34（b）]。抗拉强度随着累积叠轧循环次数的进行而增加，从第 1 次循环的 222 MPa 增加到第 7 次循环的 269 MPa，这是由晶粒细化和位错

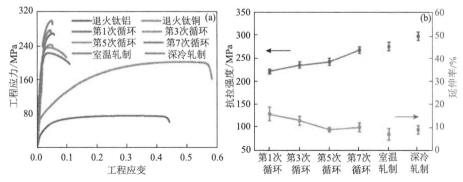

图 6-34　Al/Cu 层状复合材料的拉伸性能：（a）工程应力-应变曲线；
（b）抗拉强度和延伸率的变化趋势

　　累积造成的。此外，后续轧制工艺可以通过改变局部颈缩，并使 Al/Cu 层变薄来进一步提高复合材料的抗拉强度（图 6-30 和图 6-31）。得益于高密度堆垛层错和较少的 Cu-Al 金属间化合物（图 6-32 和图 6-33），深冷轧制减薄样品显示出比室温轧制减薄样品更高的抗拉强度。

　　图 6-35 显示了 Al/Cu 层状复合材料的拉伸断裂。对于后续轧制减薄的样品，由于很少出现韧窝，脆性断裂是主要的断裂模式。室温轧制减薄的样品仍然可以观察到明显的层状结构，缝隙型裂纹扩展了 Al/Cu 界面［图 6-35（a）］，表明界面结合质量较弱。相反，深冷轧制减薄样品拉伸断口中的层状结构变得模糊［图 6-35（b）］，这意味着 Al/Cu 金属的协调变形。这一现象也证明了深冷轧制工艺可以提高金属基复合材料的界面结合强度。

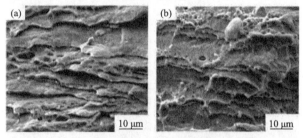

图 6-35　后续轧制减薄的 Al/Cu 层状复合材料的拉伸断口：（a）室温轧制；（b）深冷轧制

　　通过后续轧制和在不同温度下退火处理的复合材料的微观结构如图 6-36 所示。为了使分析更加准确，我们还提供了不同退火温度下深冷轧制样品的相应 EDS 图，

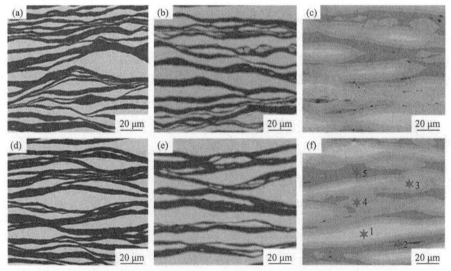

图 6-36　室温轧制减薄样品和深冷轧制减薄样品在不同退火温度下的扫描形态：
（a, d）473 K；（b, e）573 K；（c, f）673 K

如图 6-37 所示。室温轧制减薄样品和深冷轧制减薄样品在 SEM 表征的横截面形
貌上差异最小，这将由 EBSD 和拉伸断口进一步确定。对于 473 K 退火的样品，
很少检测到 Cu-Al 金属间化合物，并保留了明显的层状结构[图 6-36（a）和（d）]，
这也可以通过相应的 EDS 结果[图 6-37（a）和（d）]得到证实。当退火温度升高
到 573 K 时，形成一层薄而蓬松的 Cu-Al 金属间化合物层[图 6-36（b）和（e）]，
这是由更多的能量输入造成的，并导致出现模糊的结合界面[图 6-37（b）和（e）]。
扩散系数和温度之间的关系可以表示为

$$D=D_0\exp\left(-\frac{Q}{RT}\right) \tag{6-1}$$

式中，D_0 为扩散常数；Q 为活化能（特定材料的常数）；R 为摩尔气体常量。退
火温度的略微升高可能导致 Al/Cu 的互扩散强度显著增加。

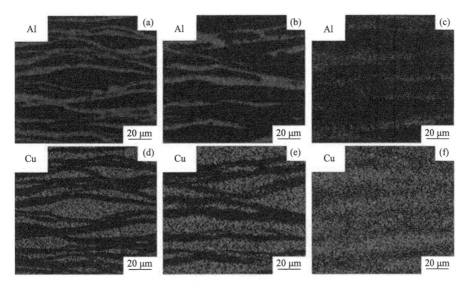

图 6-37　深冷轧制减薄样品在不同温度退火后的 EDS 面扫结果：
（a，d）473 K；（b，e）573 K；（c，f）673 K

当退火温度达到 673 K 时，形成大量 Cu-Al 金属间化合物，如图 6-36（c）和
（f）所示。有趣的是，铜基体的残留量比铝基体的多。Cu-Al 金属间化合物优先形
成在 Al 层中，并且 Cu 原子更容易进入 Al 层。根据表 6-3 的 EDS 结果，结合界
面周围的晶相分布顺序为 Cu、Cu_9Al_4、CuAl、$CuAl_2$ 和 Al。此外，低温退火样品
的明显层状结构转变为严重混合形态[图 6-37（c）和（f）]。脆性 Cu-Al 金属间
化合物的过度形成严重影响 Al/Cu 层状复合材料的力学性能。

表 6-3　　图 6-36（f）中点的 EDS 结果

点	Al/at%	Cu/at%	结晶相
1	0.62	99.38	Cu
2	99.75	0.25	Al
3	36.38	63.62	Cu_9Al_4
4	49.85	50.15	CuAl
5	67.27	32.73	$CuAl_2$

对于未形成金属间化合物的金属基复合材料，其热稳定性可以通过显微硬度的变化来确定。然而，该方法将不再适用于评估含有金属间化合物的层状金属基复合材料的热稳定性。毋庸置疑，金属间化合物的形成可促进界面合金化，并提高层状金属基复合材料的显微硬度。因此，本文中 Al/Cu 层状复合材料的热稳定性通过抗拉强度的变化来反映。先前的研究表明，当退火温度低于 423 K 时，采用大塑性变形技术处理的具有超细晶粒的 Cu 和 Al 金属可以表现出优异的热稳定性。图 6-38 显示了在 473～673 K 退火的样品的抗拉强度的变化规律。可以看出，所有样品的抗拉强度随着退火温度的升高而逐渐下降，揭示了热不稳定性的发生。特别是，在 673 K 退火后，这些样品的抗拉强度严重下降（低于 100 MPa）。此外，深冷轧制减薄样品的热稳定性比室温轧制减薄样品高出约 10%。对于没有金属间化合物的层状金属基复合材料，晶粒粗化是热不稳定性的主要诱因。而含金属间化合物的金属基复合材料的热失稳是由晶粒细化和脆性金属间化合物形成的综合作用引起的。

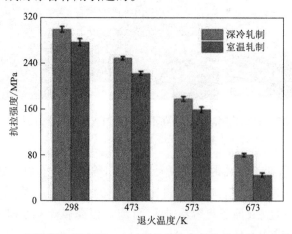

图 6-38　不同退火温度下 Al/Cu 层状复合材料拉伸性能的变化趋势

在较低的退火温度（473 K）下，Al/Cu 界面上形成的金属间化合物很少（图 6-36）。在这种情况下，Al/Cu 层状复合材料的抗拉强度下降主要是由晶粒粗化引起的。

图 6-39 显示了通过后续轧制处理的样品的 IPF 图、晶粒尺寸和取向角。对于室温轧制样品，铜基体中仍保留有明显的变形拉长晶粒[图 6-39（a）]，平均晶粒直径为 697 nm[图 6-39（c）]。

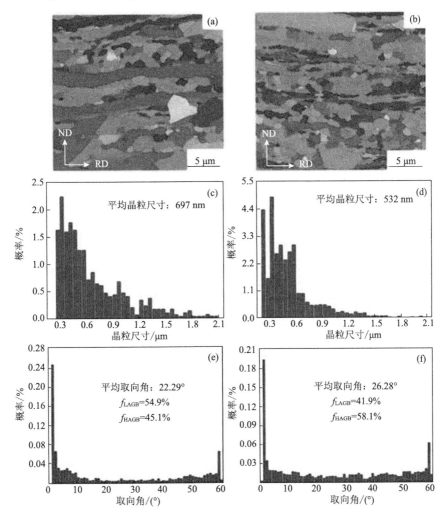

图 6-39　后续轧制减薄样品的 IPF 图、晶粒尺寸和取向角：（a，c，e）室温；（b，d，f）深冷

对于深冷轧制样品，铜基体中大部分变形的细长晶粒转变为尺寸较小的等轴晶粒[图 6-39（b）]，平均晶粒直径为 532 nm[图 6-39（d）]。此外，高角度晶界（HAGB）和低角度晶界（LAGB）的比例如图 6-39（e）和（f）所示。深冷轧制样品中 HAGBs 含量高于室温减薄样品，平均取向角为 26.28°。上述结果表明，在低温退火过程中，深冷轧制过程中形成的 Cu 基体中的高密度层错有利于 LAGB 向 HAGB 的转变和超细再结晶晶粒的形成。

当退火温度高于 473 K 时，大量的 Cu-Al 金属间化合物在结合界面处形成（图 6-36）。此时，Cu-Al 金属间化合物的形成和长大成为 Al/Cu 层状复合材料抗拉强度下降的主导因素。不同温度下退火的室温轧制减薄样品和深冷轧制减薄样品的拉伸断口如图 6-40 所示。对于在 473 K 下退火的样品[图 6-40（a）和（d）]，室温轧制样品的拉伸断口处出现的 Cu-Al 金属间化合物颗粒要多于深冷轧制样品（以椭圆标记）。当退火温度达到 573 K 时，Cu-Al 金属间化合物颗粒转变为 Cu-Al 金属间化合物层，如图 6-40（b）和（e）所示。此外，室温轧制减薄样品的 Cu-Al 金属间化合物层宽度大于深冷轧制减薄样品（箭头所示）。当退火温度达到 673 K 时，拉伸断口中充满了具有典型晶体学特征的 Cu-Al 金属间化合物。与室温轧制减薄样品相比，深冷轧制减薄样品中 Cu-Al 金属间化合物的晶粒尺寸要小得多。在深冷轧制减薄样品的拉伸断口上可以检测到一些未反应的铜基体[图 6-40（c）和（f）]，这与图 6-36（f）的结果一致。上述结果表明，深冷轧制工艺可以显著延缓 Cu-Al 金属间化合物的形成和长大，从而获得更好的热稳定性。根据 Al/Cu 界面的 TEM 图像（图 6-33），室温轧制过程中形成的纳米 Cu-Al 金属间化合物比深冷轧制过程中形成的多，并成为新 Cu-Al 金属间化合物的形核位点。相对于深冷轧制过程，在相同的热输入下，Cu-Al 金属间化合物更易在室温轧制过程中形成和长大。

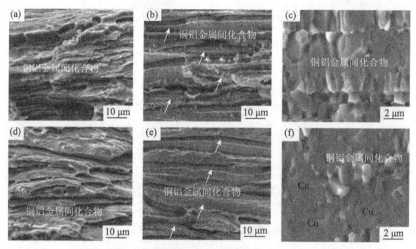

图 6-40　室温轧制和深冷轧制样品经过不同温度退火后的拉伸断口形貌：
（a, d）473 K；（b, e）573 K；（c, f）673 K

6.4　铜/铌层状复合带材深冷轧制

在金属纳米层状复合材料中，Cu/Nb 纳米层状复合材料是具有超强抗辐射能

力的材料。且相比其他半共格界面的金属层状复合材料（如 Cu/V），Cu/Nb 界面
具有更强的点缺陷的吸收能力以及 He 泡的储存能力。大量研究表明，Cu/Nb 的异
质界面能快速有效地吸收界面附近产生的间隙原子和空位，这是 Cu/Nb 的低能半
共格界面特性所决定的。辐照损伤在 Cu 和 Nb 内产生的缺陷主要为空位-间隙原
子对，由于 Cu/Nb 界面处的界面缺陷形成能和点缺陷扩散系数较大，当间隙原子
或空位插入 Cu/Nb 界面时，界面处的失配位错在相邻的两个原子平面内移动，并
与相邻原子发生碰撞和重组。重组后界面的原子密度发生了变化，但界面结构和
界面能量几乎不变，这就使得 Cu/Nb 界面几乎可以无限地吸收辐照损伤产生的点
缺陷。Cu/Nb 界面的点缺陷吸收特性使这种材料具有了超强的抗辐照损伤能力，
研究 Cu/Nb 复合材料的综合性能对核能的发展和应用具有重大意义。

　　采用累积叠轧的方法制备 Cu/Nb 层状复合材料[6]，累积叠轧的压下率为 50%。纯
铜和纯铌带材的初始厚度为 0.5 mm。累积叠轧前先对纯铜和纯铌进行真空（1×10^{-3} Pa）
退火以消除残余应力，Cu 板在 873 K 下真空退火 1 h，Nb 在 1173 K 下真空退火 2 h。
每次叠轧后进行 873 K、1 h 的中间退火处理。将 9 次累积叠轧后制备的 Cu/Nb 层状
复合材料进行进一步的深冷轧制和室温轧制，每道次压下率为 10%，直至材料整体
厚度为 0.2 mm。轧制后，Cu/Nb 在 623~973 K 下进行真空退火 30 min。

　　如图 6-41（a）所示，室温轧制的 Cu/Nb 复合材料的平均层厚为 35 nm，在
Cu 层中没有发现孪晶的生成。深冷轧制的 Cu/Nb 复合材料如图 6-41（c）所示，
平均层厚为 30 nm，并且在 Cu 层中发现了孪晶的生成，说明深冷轧制过程中，促
进了 Cu/Nb 复合材料中 Cu 层孪晶的生成。图 6-41（b）中，室温轧制的 Cu/Nb

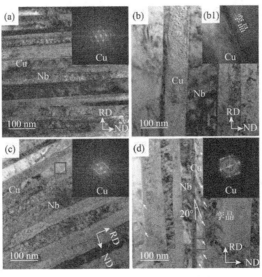

图 6-41　Cu/Nb 复合材料在 TEM 明场下的微观组织：（a）室温轧制；（b）室温轧制 773 K 退
火 30 min；（c）深冷轧制；（d）深冷轧制 773 K 退火 30 min

合材料在 773 K 退火后 Cu 层中高度纠缠的位错获得了缓减，且在个别地方发现
了退火孪晶的生成，如图 6-41（b1）所示。而深冷制备的 Cu/Nb 复合材料在 773 K
退火后，Cu 层中有大量退火孪晶的生成[图 6-41（d）]。这可能是由于深冷轧制
是形成的高密度层错和变形孪晶促进了再结晶过程中退火孪晶的形成。

　　为进一步研究深冷轧制对 Cu/Nb 复合材料热稳定性能的影响，对 Cu/Nb 退
火前后的高分辨图进行反傅里叶变化后进行位错研究，如图 6-42 所示。Nb 的熔
点温度高达 2741 K，在实验测试温度范围内 Nb 层处于回复阶段，层内位错消耗
较少。因此，在图 6-42 中可以看到无论室温轧制还是深冷轧制的 Cu/Nb 复合材
料中的 Nb 层在 723 K 和 773 K 退火后，层内仍保留了较多位错。从图 6-42（a）
和（b）中可以看到，深冷轧制的 Cu/Nb 复合带材的 Cu 层内的位错数量多于室
温轧制的。这是由于深冷轧制过程中动态回复和再结晶受到抑制，使大量的位错
能够被保留下来。从图 6-42（c）可以看到，在 723 K 退火后，室温轧制的 Cu 层

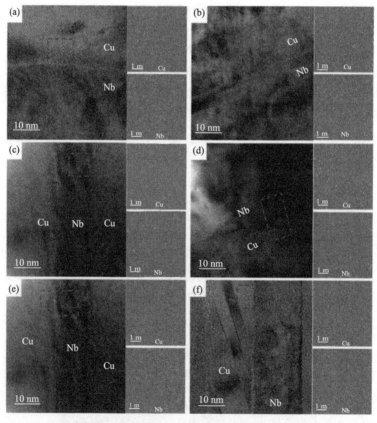

图 6-42　Cu/Nb 复合材料退火前后的高分辨图和 Cu 层、Nb 层的反傅里叶变化图：
（a）RR；（b）CR；（c）RR+723 K 退火 30 min；（d）CR+723 K 退火 30 min；
（e）RR+773 K 退火 30 min；（f）CR+773 K 退火 30 min

中位错被部分消耗。图 6-42（d）中深冷轧制的 Cu/Nb 复合带材中 Cu 层中位错数量也减少了，但剩余的位错数量明显多于室温轧制的。如图 6-42（e）和（f）所示，室温轧制的 Cu/Nb 复合带材的 Cu 层在 773 K 退火后，层内位错基本被消耗，而深冷轧制的 Cu 层的位错也被大面积消耗，但仍有少量的位错保留在了层内。这说明，深冷轧制的 Cu/Nb 复合材料中 Cu 层的再结晶被抑制和推迟了。

　　如图 6-43(a)所示，深冷轧制后的 Cu/Nb 复合材料的界面为具有 {110}⟨111⟩ Cu‖{001}⟨110⟩ Nb 关系的平直界面，改变了叠轧时形成的具有 {112}⟨111⟩ Cu‖{112}⟨110⟩ Nb 关系的锯齿状界面。在 773 K 退火后平直界面转变为了锯齿状界面，界面关系为 {110}⟨111⟩ Cu‖{112}⟨110⟩。而室温轧制的 Cu/Nb 界面结构如图 6-43(d)所示，保持了累积叠轧的界面结构特征，界面结构为 {112}⟨111⟩ Cu‖{112}⟨110⟩ Nb 的锯齿状界面。且在退火后依旧保持了锯齿状界面，如图 6-43（e）所示。如图 6-43（a）和（c）所示，深冷轧制 Cu/Nb 复合材料界面结构在退火后发生转变可能是退火过程中形成孪晶的导致的。

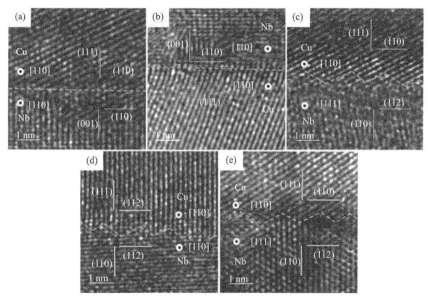

图 6-43　深冷和室温轧制制备的 Cu/Nb 复合材料退火前后的界面结构：
（a）深冷轧制；（b）深冷轧制+723 K 退火 30 min；（c）深冷轧制+773 K 退火 30 min；
（d）室温轧制；（e）室温轧制+773 K 退火 30 min

　　图 6-44 所示为累积叠轧后，在深冷和室温下轧薄的 Cu/Nb 复合材料以及其在 623～973 K 真空退火 30 min 后的硬度值。从图中可以看到，在 623～973 K 范围内退火时，相同退火温度情况下，深冷轧制制备的 Cu/Nb 复合材料的硬度值在退火前和退火后均高于室温轧制制备的。随退火温度的升高，深冷轧制制备和室温

轧制制备的 Cu/Nb 复合材料的硬度值都表现出随退火温度的升高呈直线下降的趋势。从图中可以明显看到，深冷轧制的硬度值随退火温度的升高下降的斜率小于室温轧制的，说明深冷轧制的硬度值下降得更慢，具有更好的热稳定性能。

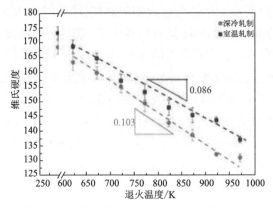

图 6-44　轧制后 Cu/Nb 复合材料和 623～973 K 退火 30 min 后的硬度

图 6-45（a）为室温轧制的 Cu/Nb 复合材料在退火前后的拉伸曲线，室温轧制后 Cu/Nb 复合材料的极限抗拉强度达到了 645 MPa。退火后 Cu/Nb 复合材料的强度随退火温度的升高而降低，而塑性得到了良好的回复，773 K 退火 30 min 后，

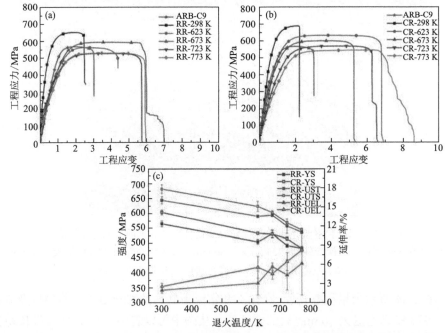

图 6-45　Cu/Nb 复合材料的退火前后的力学性能：（a）室温轧制的拉伸曲线；（b）深冷轧制的拉伸曲线；（c）不同退火温度下 Cu/Nb 复合材料的屈服强度、极限抗拉强度和延伸率的变化

Cu/Nb 复合材料的强度降低到了 537.2 MPa，而延伸率提高到 6.2%。图 6-45（b）为深冷轧制的 Cu/Nb 复合材料在退火前后的拉伸曲线。深冷轧制后 Cu/Nb 复合材料的抗拉强度为 683 MPa，相对于室温轧制的提高了 5.9%。773 K 退火 30 min 后，抗拉强度降低到了 545.0 MPa，与室温轧制的强度相似。但 773 K 退火后，深冷轧制制备的 Cu/Nb 复合材料的延伸率提高到了 8.3%，比室温 773 K 退火后具有更高的延伸率。如图 6-45（c）所示，随退火温度的升高，深冷轧制的 Cu/Nb 复合材料的强度始终高于室温轧制的，且退火后具有比室温轧制更好的延伸率，深冷轧制使 Cu/Nb 复合材料的力学性能获得了提高。最后，室温轧制与深冷轧制及随后退火处理样品的综合力学性能如表 6-4 所示。

表 6-4　Cu/Nb 复合材料的力学性能

	室温轧制			深冷轧制		
	屈服强度/MPa	极限抗拉强度/MPa	延伸率/%	屈服强度/MPa	极限抗拉强度/MPa	延伸率/%
轧制	565.7±9.9	645.2±12	2.0±0.5	604.6±8.2	683±14.7	2.6±0.5
623 K	505.2±8.3	591.3±2.0	3.1±1.9	534.0±3.2	624.5±17.4	5.6±1.7
673 K	532.1±13.1	594.7±4.8	5.7±0.6	531.1±11.4	603.7±6.7	4.6±0.9
723 K	492.7±5.4	557.7±24.2	4.4±2.4	515.8±5.5	568.9±4.7	6.5±1.4
773 K	483.4±6.8	537.2±5.0	6.2±1.3	482.5±1.7	545.0±6.1	8.3±0.3

参 考 文 献

[1] Song L L, Xie Z B, Gao H T, Kong C, Yu H L. Microstructure and mechanical properties of ARB-processed AA1050/AA5052 multilayer laminate sheets during cryorolling. Mater Lett, 2022, 307: 130998.

[2] Liu J, Wu Y Z, Wang L, et al. Fabrication and characterization of high bonding strength Al/Ti/Al-laminated composites via cryorolling. Acta Metal Sin Engl Lett, 2020, 33: 871-880.

[3] Yu H L, Lu C, Tieu K, Li H J, Godbole A, Liu X, Kong C. Enhanced materials performance of Al/Ti/Al laminate sheets subjected to cryogenic roll bonding. J Mater Res, 2017, 32: 3761-3768.

[4] Wang L, Liu J, Kong C, Pesin A, Zhilyaev A P, Yu H L. Sandwich-like Cu/Al/Cu composites fabricated by cryorolling. Adv Eng Mater, 2020, 22: 2000122.

[5] Gao H T, Li J, Lei G, Song L L, Kong C, Yu H L. High strength and thermal stability of multilayered Cu/Al composites fabricated through accumulative roll bonding and cryorolling. Metal Mater Trans A, 2022, 53: 1176-1187.

[6] Liu J, Wu Y Z, Gao H T, Kong C, Yu H L. Enhanced mechanical properties and thermal stability of accumulative roll bonded Cu/Nb multilayer composites via cryorolling. Metal Mater Trans A, 2023, 54: 16-22.